W0262162

Verständliche Wissenschaft

Sechsunddreißigster Band

Fliegen · Schwimmen Schweben

Von

Werner Jacobs

Berlin · Verlag von Julius Springer · 1938

Fliegen · Schwimmen Schweben

Von

Dr. Werner Jacobs
Professor an der Universität München

1. bis 5. Tausend

Mit 86 Abbildungen

Berlin · Verlag von Julius Springer · 1938

ISBN-13: 978-3-642-89894-5   e-ISBN-13: 978-3-642-91751-6
DOI: 10.1007/978-3-642-91751-6

Inhaltsverzeichnis.

Herkunftsnachweis der Bilder.

Die meisten Bilder wurden nach meinen Angaben unter mehr oder weniger starker Anlehnung an vorhandene Vorbilder von Dr. R. Ehrlich, München, neu gezeichnet. Eine größere Anzahl von hier nicht gesondert aufgeführten Bildern ist entnommen aus Jacobs, das Schweben der Wasserorganismen, Ergebn. d. Biol. **11**, 1935, aus Natur und Volk, 67, Frankfurt a. M., und aus weiteren Arbeiten von mir. Die übrigen Vorbilder sind im Folgenden der Reihe nach angegeben.

Abb. 4: E. Ulbrich, Biologie der Früchte und Samen. (Biologische Studienbücher Bd. VI.) Berlin 1928.

„ 8: F. Hustedt, Die Kieselalgen. Rabenhorst, Kryptogamenflora Bd. 7, Leipzig 1930.

„ 10: Brehms Tierleben, 4. Aufl. Bd. 6. Leipzig u. Wien 1911.

„ 13—16: Stolpe und Zimmer, Journal f. Ornithol. 85, 1937.

„ 18 u. 21: P. Idrac, Experimentelle Untersuchungen über den Segelflug. München u. Berlin 1932.

„ 22: H. Böker, Vergl. biol. Anatomie der Wirbeltiere, Bd. 1. Jena 1935.

„ 23: E. Stresemann, Aves in Handb. d. Zoologie Bd. 7. Berlin u. Leipzig 1934.

„ 24: Schack-Leege-Focke, Wunder des Möwenflugs. Frankfurt 1937.

„ 26: O. Abel, Lebensbilder aus der Tierwelt der Vorzeit. 2. Aufl. Jena 1927.

„ 30 u. 31: W. v. Buddenbrock in Bethe, Handbuch der norm. u. pathol. Physiologie Bd. 15, 1. Berlin 1930.

„ 33: H. Weber, Biologie der Hemipteren. (Biologische Studienbücher Bd. XI.) Berlin 1930.

„ 48: z. T. nach Dawydoff, Traité d'embryologie comparée des invertébrés. Paris 1928.

„ 49A: W. Ludwig, Zeitschr. vergl. Physiol. 13, 1931.

„ 49B: G. C. Hirsch, Structuur in Leerboek der alg. dierkunde Utrecht 1929.

„ 49C: B. J. Krijgsman, Archiv f. Prot.kunde 52, 1925.

„ 51: Oben: nach Rauther in Bronn, Klassen und Ordnungen d. Tierreichs, Echte Fische, Lief. 4. Unten: in Anschluß an Hesse-Doflein, Tierbau und Tierleben, 2. Aufl.

„ 54: E. J. Slijper, Die Cetaceen vergl. anatomisch und systematisch, Capita zoologica 7, 1936 u. A. Br. Howell, Aquatic mammals. Baltimore 1930.

„ 55: H. Weber, Zeitschr. vergl. Physiol. 5, 1927.

„ 57: S. Dykgraaf, Zeitschr. vergl. Physiol. 20, 1934.

„ 58: Hesse-Doflein, Tierbau u. Tierleben, 2. Aufl. Bd. 1. Jena 1935.

„ 59, 60, 65: Das Reich der Tiere, Bd. 1. Ullstein, Berlin 1937.

„ 61: W. v. Sanden, Guja, See der Vögel. Königsberg 1933.

„ 62: W. Neu, Zeitschr. vergl. Physiol. 14, 1931.

„ 63: H. R. Frank u. W. Neu, Zeitschr. vergl. Physiol. 10, 1929.

„ 73: Im Anschluß an W. Huth, Archiv f. Prot.kunde 30, 1913.

„ 81: C. O. Bartels, Belauschtes Leben. Berlin, Bermühler-Verlag.

VI

Einleitung.

Der Mensch kann fliegen. Ein Traum von tausend Jahren ist in Erfüllung gegangen, eine Aufgabe mit den Mitteln der modernen Technik gelöst, die allerdings die Natur anscheinend spielend schon vor vielen Millionen von Jahren zu lösen vermochte. Denn so wunderbar auch die fliegerischen Leistungen des Menschen sein mögen: sie müssen uns doch fast stümperhaft erscheinen gegenüber der Leichtigkeit, mit der sich die Möwe im Winde wiegt, zielsichere Wendungen macht, vom Schnellflug fast zum Flug auf der Stelle übergeht. Warum ist es so schwer, den Luftraum zu erobern; welche Schwierigkeiten mußten die Lebewesen überwinden, um zum Fliegen zu kommen?

Grundbaustoff aller Lebewesen ist die lebende Substanz, das Protoplasma. Es ist eine wässerige Lösung von Salzen und verschiedensten organischen Stoffen, vor allem von Eiweiß, und es kann seine Zusammensetzung vergleichsweise nur in geringem Ausmaß ändern, ohne daß die Lebensfähigkeit verlorengeht. Das alles aber bedeutet, daß die lebende Substanz schwer ist. Es wiegen:

1 l Protoplasma . . . . etwa 1050 g
1 l Luft (0°, 760 mm Hg-Druck) . . . . . 1,293 g
1 l reines Wasser . . . . 1000 g
1 l Nordseewasser (15°, ca. 33⁰/₀₀ Salzgehalt) 1025 g

Protoplasma ist also nicht nur viel schwerer als Luft, sondern wegen seines Gehaltes an organischen Stoffen und Salzen sogar schwerer als Seewasser. Und was für das Protoplasma gilt, gilt in erhöhtem Maße für viele der von ihm abgeschiedenen Stoffe, insbesondere für die Skelettstoffe (Kalksalze, Kieselsäure), die wir bei den meisten Lebewesen finden.

1 Kubikdezimeter Knochensubstanz z. B. wiegt 1936 g. Wenn es aber gleichwohl eine reichhaltige Lebewelt im freien Luft- und Wasserraum gibt, so ist allen diesen Tieren und Pflanzen aufgegeben, irgendwie das Übergewicht, das sie zu Boden ziehen möchte, zu überwinden. Wie kann das geschehen?

Dem Menschen gelang die Eroberung der Luft auf drei verschiedene Weisen. Beim *Segelflug* werden Luftströmungen ausgenützt, und zwar insbesondere aufwärts gerichtete Strömungen, die das schwere Flugzeug zu tragen vermögen. Beim *Motorflug* wird das Flugzeug vorwärts bewegt und damit getragen von einer aktiven Kraft. In beiden Fällen bleibt der fliegende Teil schwerer als Luft. Beim *Ballonflug* aber wird das Flugzeug durch Einlagerung eines leichten Gases ebenso schwer oder sogar leichter als die Luft. Es vermag in der Luft zu schweben.

Was für den Aufenthalt im Luftraum gilt, gilt grundsätzlich auch für den Aufenthalt im freien Wasserraum. Nur liegen hier die Verhältnisse wegen des viel geringeren Übergewichtes des lebenden Stoffes ungleich günstiger. Aber wir werden sehen, daß für Tier und Pflanze der Aufenthalt im Luft- und Wasserraum nach den gleichen Grundsätzen möglich wurde wie für den Menschen:

1. durch Ausnützung von Strömungen;
2. durch aktives Fliegen und Schwimmen;
3. durch Einlagerung von leichten Stoffen, die ein „Schweben" ermöglichen.

Ausnützung von Luft- und Wasserströmungen.

Altweibersommer.

Mancher kennt sicher das silbernschimmernde Band, das an sonnigen Spätsommernachmittagen sonnenwärts die Ackerfläche überzieht, entstanden aus dem Widerschein des Sonnenlichtes an unzähligen Spinnwebsfäden. Auch die Luft durchziehen im leichten Wind lange weiße Spinnwebflocken: Altweibersommer. Fängt man eine Flocke, so kann man daran wohl eine kleine Spinne entdecken, deren Luftfahrt man unterbrochen hat. Unzählige Jungspinnen lassen sich so in ihrem eigenen Gespinst vom Wind durch die Luft führen. Die Fahrt aber beginnt so (Abb. 1): Die Spinne erklettert einen Halm bis zum höchsten Punkt, streckt das Hinterleibsende, an dem die Öffnungen der Spinndrüsen liegen, soweit es geht, in die Luft und läßt die Spinnseide austreten. Der Wind faßt die immer größer werdende Seidenfahne; plötzlich aber läßt die Spinne los und fährt dahin, festgeklammert

Abb. 1. Altweibersommer; Jungspinnen begeben sich auf die Reise mit dem Wind.

an dem selbstverfertigten Segel. Sie erobert sich einen neuen Lebensraum.

Luftbewegungen werden auch sonst als Reisemittel gerne ausgenützt. Jeder Windstoß nimmt mit dem Staub winzige Dauerkeime von tierischen und pflanzlichen Lebewesen mit. Insbesondere sind es bestimmte Entwicklungsstadien der Pflanzen — Blütenstaub, Samen und Früchte —, die sich durch den Wind verbreiten lassen. Sie fallen über kurz oder lang wieder zu Boden. Wann das geschieht, hängt einerseits von Gewicht, Form und Größe des fallenden Körpers, andererseits von der Eigenart der Luftbewegung ab.

Es kommt praktisch wohl kaum vor, daß bei der bewegten Luft größere Luftmassen geradlinig fortbewegt werden, derart, daß gleichsam Luftfäden nebeneinander hergleiten. Die Windwirkung an einer staubigen Straße zeigt vielmehr, daß die Bewegungen der Luft viel unregelmäßiger zu sein pflegen. Das ist bedingt vor allem durch die unregelmäßige Gestalt der Erdoberfläche. Fährt der Wind darüber hin, so entstehen an den vielen kleinen und großen Rauhigkeiten unzählige Störungen der Bewegung. Die Luft wird zunächst an der rauhen Erdoberfläche gebremst; es entsteht ein Unterschied in der Windgeschwindigkeit derart, daß sie in höheren Schichten schneller ist als in niederen. Wir werden später sehen, daß diese Geschwindigkeitsunterschiede schon im Bereich der untersten 5o-m-Schicht der Luft für die Bewegung mancher Tiere von außerordentlicher Bedeutung werden kann. Eine Folge dieser Verschiedenheiten aber ist wiederum, daß die Bewegung größerer oder kleinerer Luftteilchen auch in größeren Höhen nicht einfach geradlinig bleibt, sondern daß wirbelartige Bewegungen auftreten, die einen ständigen Austausch mit Luftteilchen der Umgebung bedingen. Ein Ergebnis dieses Austausches unter wirbelartigen Bewegungen ist es z. B., wenn der Rauch aus einem Kamin sich alsbald im Luftraum verliert. Dabei können diese Wirbel eine waagerecht, senkrecht oder irgendwie anders gestellte Achse besitzen. Es liegt auf der Hand, daß ein mit einer bestimmten Geschwindigkeit absinkender Körper von einem Wirbel getragen oder gar emporgerissen werden kann, wenn die Aufwärtsbewegung der Luft der Sinkgeschwindigkeit des fallenden Körpers gleichkommt oder sie übertrifft.

Auch dann, wenn nach unserem Empfinden Windstille ist, ist gleichwohl die Luft fast nie ruhig. Das kommt daher, daß bei einstrahlender Sonne der Boden gemäß seiner verschiedenen Beschaffenheit verschieden stark erwärmt wird, also auch die Wärme in verschiedenem Maße an die darüber lagernde Luft wieder abgibt. Eine Sandfläche verhält sich anders als ein grüner Wald oder eine Wasserfläche. Erwärmte Luft aber wird leichter und steigt auf — der Segelflieger bezeichnet das als „Thermik" —; ihr Platz wird eingenommen durch zunächst kühlere Luftmassen, die von oben herabsinken. So haben wir uns vorzustellen, daß insbesondere tags-

über eine beständige Umschichtung der Luft stattfindet. Es
steigen Luftkörper verschiedenster Größe in die Höhe, andere
sinken ab. Vergleichsweise ruhig aber ist die Luft während
der Nacht. Auch diese durch die verschiedene Wärmever-
teilung bedingten und sich senkrecht zum Boden abspielen-
den Luftbewegungen können für den Aufenthalt mancher
Lebewesen in der Luft von ausschlaggebender Bedeutung sein.

Ich sagte schon, daß mit jedem Windstoß winzige Keime
von Lebewesen emporgewirbelt und verfrachtet werden. Jede
vorübergehende Wasseransammlung beherbergt, sofern sie
sich nur einige Tage hält, mehr oder weniger zahlreiche
Lebewesen, unter denen die Einzelligen überwiegen. Trocknet
die Pfütze aus, so vermögen sich viele Lebewesen gleichwohl
zu retten, indem sie eine schützende Hülle um sich herum
absondern, die sie bis zu einem gewissen Grade vor dem
Trockentode bewahrt. Manche kleine mehrzellige Tierchen
können sogar einen erheblichen Wasserverlust vertragen. Die
Bärtierchen z. B. schrumpfen zu einem runzeligen Körnchen
zusammen, nehmen aber im Wasser ihre alte Form alsbald
wieder an.

Diese gegen Austrocknung geschützten Dauerstadien werden vom Wind erfaßt und weithin verbreitet, in die Höhe
der Luft und über weite Strecken. Man hat noch in 2000 m
Höhe Grünalgen und die Vorstadien der Moospflänzchen,
bis zu 6000 m Höhe Bakterien feststellen können, wenn auch
mit der Höhe der Keimgehalt der Luft beträchtlich abnimmt.
Überall fallen die Keime wieder zu Boden. Die Mehrzahl
geht zugrunde. Aber man braucht nur ein Büschel trockenes
Heu vom Felde mitzubringen, mit Wasser zu übergießen,
und man wird bald ein reiches Leben von Bakterien und
„Aufgußtierchen" finden.

Die Verbreitung dieser Keime wird vor allem gefördert
durch ihre Kleinheit und die dadurch bedingte, im Vergleich
zu ihrem Rauminhalt sehr große Oberfläche. Ein Würfel
von 10 cm Kantenlänge enthält bei einer Oberfläche von
600 qcm 1000 ccm; das Verhältnis von Oberfläche zu Rauminhalt beträgt 0,6. Bei einer Kantenlänge von 1 cm ist
der gleiche Verhältniswert 6,0, bei 0,1 cm Kantenlänge be-

reits 60,0. Er wird bei noch kleineren Körpern entsprechend
größer. Die eitererregenden kugeligen Staphylokokken haben
etwa einen Durchmesser von $^1/_{1000}$ mm. Packt man so viele
von ihnen zusammen, daß ein Würfel von 1 cm Kantenlänge
entsteht, so ist in ihm die Summe aller Bakterienoberflächen
gleich einem Quadrat von 2,7 m Seitenlänge, also vergleichsweise außerordentlich groß. Da aber die Sinkgeschwindigkeit eines Körpers unter anderem mitbedingt ist durch die
Reibung von Luft oder Wasser an seiner Oberfläche, so ist
klar, daß ein kleiner Körper unter sonst gleichen Bedingungen
langsamer sinkt als ein großer. Wenn man Sand in Wasser
aufrührt, so sinken die großen Stücke rasch wieder zu Boden,
die kleinsten Teilchen aber setzen sich auch im ruhigen
Wasser nur sehr langsam ab. Es ist bekannt, daß feinste
Ascheteilchen, die bei Vulkanausbrüchen in große Höhen
emporgeblasen wurden, vom Wind Hunderte und Tausende
von Kilometern verfrachtet werden können, ehe sie wieder
auf die Erdoberfläche fallen.

Wenn schon Bakterien und kleinste Dauerkeime durch die
Luftbewegungen weitverbreitet werden, so kann man wohl
nicht ohne weiteres behaupten, daß das der biologische Sinn
dieser Stadien ist. Man möchte eher meinen, daß die Verbreitung durch die Luft sich zufälligerweise mit ergibt. Aber
wir kennen Verfrachtungen von Lebewesen durch die Luft,
die wesentlich für ihren Fortbestand überhaupt sind.

Windbestäubung der Pflanzen.

Zur Samenbildung der meisten Pflanzen muß Blütenstaub
auf die weibliche Narbe gelangen. Aus jedem Staubkörnchen
wächst ein Schlauch hinab durch den Griffel bis zum Frucht-
knoten, wo die Verschmelzung von Eikern und Samenkern
und damit die Befruchtung stattfindet. Jetzt setzen die Ent-
wicklungsvorgänge ein, die zur Bildung eines von schützen-
den Hüllen umgebenen Keimes führen; dieses Gebilde pflegen wir als Samen oder als Frucht zu bezeichnen; dabei kann
eine Frucht eine Vielheit von Samen enthalten.

Die Übertragung des Blütenstaubes auf die Narbe ge-

6

schieht bei vielen Pflanzen durch Insekten; es sind mannig-
faltige und zum Teil höchst kunstvolle Einrichtungen ge-
schaffen, die diese Bestäubung sichern. Aber bei einer ganzen
Anzahl von Pflanzen, und gerade bei unseren wichtigsten
Kulturpflanzen, den Getreidearten, und bei vielen Bäumen
erfolgt die Blütenstaubübertragung durch die bewegte Luft.
Auch dafür sind besondere Einrichtungen vorhanden. Der
Pollen muß zunächst einmal leicht vom Wind erfaßbar sein.

Daher finden wir bei
windblütigen Pflanzen die
Staubbeutel dem Winde
ausgesetzt, z. B. in den
Kätzchen der Haselnüsse
und Erlen; bei den Ge-
treidegräsern hängen die
Staubbeutel an dünnen
Stielen lang herab (Abb. 2).
Der Blütenstaub kann
vom Winde geradezu aus-
geschüttelt werden. Wenn
man ein reifes Haselnuß-
kätzchen anstößt, so stiebt
eine Wolke von Blüten-
staub davon.

Bei einer insektenblü-
tigen Pflanze gelingt es
nicht leicht, den Blütenstaub auszuschütteln; bei ihr liegt der
Pollen geschützter; darüber hinaus besitzen die Pollenkörner
eine klebrige Oberfläche, so daß sie leicht aneinander und am
Insektenkörper haften. Bei windblütigen Pflanzen aber ist
der Pollen trocken; ein Aneinanderhaften kommt verhältnismäßig selten vor.

Pollenkörner sind klein und dadurch für die Verbreitung
durch die Luft bestens geeignet. Die Übersicht auf S. 9
zeigt indessen, daß beträchtliche Größen- und auch Gestalt-
unterschiede vorhanden sind. Besonders auffallend sind die
Pollenkörner der Nadelbäume, die mit zwei dünnhäutigen,
luftgefüllten Säcken versehen sind. Es wurde die Meinung

Abb. 2. Blühender Roggen.

geäußert, daß diese Pollenkörner mit Hilfe ihrer Luftsäckchen wie mit leichten Ballons in der Luft zu schweben vermögen und daher in vorzüglicher Weise an die Verbreitung durch die Luft angepaßt sind. Das kann jedoch nicht richtig sein. Denn es ist praktisch unmöglich, daß der Inhalt der Säckchen aus einem anderen, und zwar leichteren Gas besteht als Luft. Auch ist es nicht denkbar, daß die Luft in den Säckchen bei Sonnenbestrahlung wärmer und daher leichter wird als die Umgebung. Wenn man aber nicht selten über einem blühenden Nadelwald im Sonnenschein eine goldene Wolke von Blütenstaub sieht, so muß das aus den Luftbewegungen erklärt werden. Denn in eingehenden Versuchen hat sich gezeigt, daß die Verteilung des Nadelbaumpollens sich nicht grundsätzlich von der des Pollens ohne Luftsäckchen unterscheidet. Die Art der Verteilung aber spiegelt in bester Weise all das wider, was wir vorhin über die Art der Luftbewegungen und die Bedeutung der Körnchengröße für das Absinken sagten.

Alle Pollenkörner sinken in ruhiger Luft ab, die kleineren langsamer als die größeren, wie die Übersicht auf der folgenden Seite zeigt. Der große Fichtenpollen gehört trotz seiner Luftsäcke geradezu zu den schlechten „Fliegern", er sinkt viel schneller als der kleine Kiefer- oder Birkenpollen. Daß aber die Übereinstimmung zwischen Korngröße und Sinkgeschwindigkeit nicht vollkommen ist (vergleiche Eiche mit Kiefer), hat seinen Grund in der Oberflächengestaltung des Pollens: ein Körper mit unregelmäßiger Oberfläche (Kieferpollen) muß langsamer sinken als ein einfach geformter Körper (Eichenpollen). Auf die Bedeutung dieser Erscheinung kommen wir später zurück.

Der Einfluß der Teilchengröße kommt auch darin zum Ausdruck, daß Gruppen von Pollenkörnern, die zufällig nicht voneinander getrennt wurden, schneller sinken als einzelne Körner. Ja, sogar bei der gleichen Art lassen sich Verschiedenheiten des Absinkens feststellen. Die Pollenkörner einer Art haben nicht alle die gleiche Größe; in ruhiger Luft, d. h. besonders nachts, kann man tatsächlich die kleineren Pollenkörner einer Art in höheren Luftschichten finden als die größeren, was nur durch ihre langsamere Sinkgeschwindigkeit bedingt sein kann.

Wie kann man solche Feststellungen überhaupt machen? Das Verfahren ist im Grunde genommen ganz einfach. Man stellt in verschiedener Höhe über dem Erdboden mit Klebe-

Sinkgeschwindigkeit von Pollenkörnern windblütiger Pflanzen (nach Rempe).

Art	Durchmesser in $^1/_{1000}$ mm	Sinkgeschwindigkeit im Mittel in cm pro Sekunde	
Larix decidua, Lärche . .	Etwa 100	9,9	
Picea excelsa, Fichte . . .	„ 117:73	8,7	
Fagus silvatica, Rotbuche .	„ 45	5,5	
Carpinus betulus, Hainbuche	„ 37	4,5	
Quercus robur, Sommereiche	„ 30	2,9	
Pinus silvestris, Kiefer . .	„ 62:36	2,5	
Corylus avellana, Haselnuß	„ 25	2,5	
Betula alba, Birke	„ 25	2,4	
Alnus viridis, Erle	„ 23	1,7	

mitteln bestrichene Flächen von bestimmter Größe eine bestimmte Zeit lang auf und zählt dann die anhaftenden Pollenkörner aus. Für größere Höhen hilft man sich mit Flugzeugen.

Auf diese Weise hat sich zeigen lassen, daß das Verhalten des Pollens durchaus von den Luftbewegungen abhängt. Dicht über dem Erdboden ist die Luft ruhiger als in größeren Höhen; daher sinken die Pollenkörner niederer Pflanzen schneller zu Boden als die hoher Bäume, die in die stärker bewegten Luftschichten hineinragen; daher fällt nachts mehr Pollen zu Boden als tagsüber. Durch die Durchmischung der Luftmassen bei Tage aber wird erreicht, daß die Luftschicht über einem Baumbestand unter Umständen bis in Höhen von mehreren 100 m, ja von über 1000 m fast gleichmäßig mit Pollen durchsetzt ist, oder daß man den meisten Pollen in einer Höhe von etwa 200 bis 500 m findet. Man hat Pollen in einer Höhe von 2000 m und mehr über dem Boden gefunden. Es liegt auf der Hand, daß bei der geringen Sinkgeschwindigkeit hochgewirbelter Pollen weit verfrachtet werden kann. So fand man auf Helgoland, das etwa 50 km vom Festland entfernt liegt, einen so starken Windantrieb von Kiefer- und Eichenpollen, daß die Wahrscheinlichkeit einer normalen Befruchtung durchaus gegeben war: in einem bestimmten Zeitraum durchflogen, vom Wind getrieben, täglich 2,7 Millionen Eichenpollen jeden Quadratmeter Luftfläche. Das sind beachtenswerte Zahlen; man macht sich überhaupt kaum eine richtige Vorstellung von dem Pollenreichtum der Luft an einem guten Bestäubungstag.

Abb. 3. Löwenzahn, Fruchtstand.

Verbreitung von Samen und Früchten durch die Luft.

Kennen Sie das Spiel mit der „Pusteblume" (Abb. 3), dem reifen Fruchtstand des Löwenzahnes? Dreimal muß man blasen; bläst man alles weg, so bleibt er treu, bleibt etwas stehen, so bleibt er nicht treu. Vielleicht unterlegt man hier und da auch einen anderen Sinn. Uns aber geht hier die die Tatsache an, daß es einem Windstoß möglich ist, die kleinen Früchte an ihrem Haarschopf zu fassen, ein mehr oder weniger weites Stück durch die Luft zu treiben und so für die Verbreitung der Art zu sorgen.

Zahllos und außerordentlich mannigfaltig sind die Einrichtungen im Bau der Früchte und Samen, die darauf hinzielen, nicht nur dem Wind eine Angriffsfläche zu bieten, sondern auch das Absinken in der Luft zu verlangsamen und so einem Windstoß weitere Gelegenheit zum Verfrachten zu geben. Alle diese Einrichtungen zielen darauf hinaus, die Oberfläche des Körpers im Vergleich zum Rauminhalt und damit die Angriffsfläche für den Wind möglichst groß, zugleich aber das ganze Gebilde möglichst leicht zu machen. Das kann auf verschiedene Weise erreicht werden. Es gibt pflanzliche Fortpflanzungskörper, die sich durch ihre Kleinheit auszeichnen. Dahin gehören die Sporen von Pilzen, Farnen und Moosen, die sich in der Größenordnung nicht weit von Pollenkörnern entfernen. Schon bei den echten Samen liegen die Verhältnisse schwieriger. Denn ein Same soll außer dem Keim auch Nährgewebe mit Vorratsstoffen enthalten, alles umschlossen von den Samenhüllen. Mehr noch gilt das von den Früchten, die oft eine Vielzahl von Samen in sich bergen.

Doch gibt es Samen und sogar Früchte, die als „Körnchenflieger" schon allein durch ihre Kleinheit zur Verbreitung durch den Wind geeignet sind. Besonders viele Orchideen, von andern einheimischen Pflanzen z. B. Fichtenspargel *(Monotropa)* und Sommerwurz *(Orobanche)* sind durch winzige Samen ausgezeichnet. Ein Samenkorn von *Orobanche ionantha* wiegt 0,000001 g, d. h. eine Million Samen wiegen 1 g; dagegen wiegen von *Monotropa hypopitys* schon 333 000 Samen 1 g. Es ist kein Zufall, daß gerade Orchideen, von denen viele ihren Standort auf anderen Pflanzen haben, oder Schmarotzer, wie Fichtenspargel und Sommerwurz, so kleine Samen haben. Denn es werden nicht nur kleine, sondern auch außerordentlich zahlreiche Samen gebildet; das ist nötig, da die Aussicht, an der richtigen Stelle zum Keimen zu kommen, recht gering ist. Die Kleinheit der Samen aber wird dadurch erreicht, daß Keim sowohl wie Nährgewebe möglichst schwach entwickelt werden. Der

Wanderweg so kleiner Samen ist unter Umständen sehr groß.
So siedelte sich auf einem Ausstichgelände bei Berlin eine
Orchidee an, deren nächster Standort etwa 150 km ent-
fernt lag.

Die Wanderfähigkeit so kleiner Samen
wird gelegentlich noch dadurch erhöht,
daß in ihrem Innern luftgefüllte Hchl-
räume eingebaut sind, also das spezifische Gewicht erheblich vermindert
wird. Das ist gerade bei manchen Orchideen der Fall.

Der Same bleibt bei den „Körnchen-
fliegern“ oft annähernd kugelförmig;
auf seiner Oberfläche aber finden wir
nicht selten eine aus erhabenen Leisten
gebildete netzartige Skulptur. Es beginnt sich darin das auszuprägen, was
für die meisten durch Wind verbreite-
ten Früchte und Samen so bezeichnend
ist: die Ausbildung einer möglichst bizarren Gestalt, die weitgehend von der
Kugelform abweicht.

Die Kugel ist der Körper, der bei
größtem Rauminhalt die kleinste Oberfläche besitzt. Jede Abweichung von der
Kugelform bei gleichbleibendem Rauminhalt führt zu einer Oberflächenvergrößerung und deshalb bei einem ab-
sinkenden Körper zu einer Verlangsamung des Absinkens. So hat man,
um ein Wassertier als Beispiel heranzuziehen, an Wasser-
milben festgestellt, daß sie mit an den Leib gezogenen Beinen
eine gegebene Strecke schneller durchfallen, als wenn die
Beine abgespreizt sind. Das erscheint uns schließlich als
Selbstverständlichkeit; wir kennen ähnliche Erscheinungen
genug aus dem täglichen Leben. Nicht ganz einfach ist allerdings die genaue mathematisch-physikalische Erfassung dieser Erscheinung. Wir können höchstens bei ganz einfachen

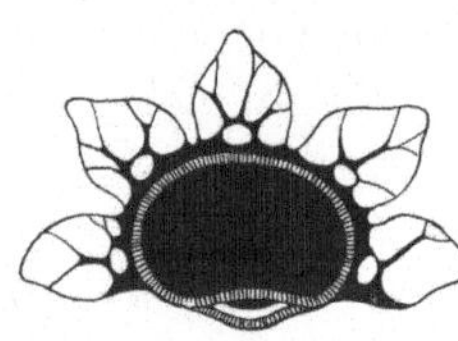

Abb. 4. Große Strenze,
Astrantia maior. Oben:
Rückenansicht eines ein-
zelnen Früchtchens, ver-
größert. Unten: Quer-
schnitt durch ein Frücht-
chen, etwas stärker ver-
größert; hell die Lufträume
in den Flügeln.

geometrischen Körpern den Widerstand und damit die Sinkgeschwindigkeit berechnen. Da wir es in der Natur aber in der Regel mit mehr oder weniger unregelmäßig, zum Teil geradezu bizarr geformten Körpern zu tun haben, kann von einer theoretischen Berechnung des „Formwiderstandes" gegenüber dem Absinken einstweilen gar nicht die Rede sein.

Aus der Fülle der Formen von „Flugsamen" und „Flugfrüchten" können wir hier nur eine ganz geringe Auswahl bieten. Immer ist mit der großen Oberfläche auch die Leichtigkeit verbunden. Einen verhältnismäßig einfachen Fall stellt die Frucht von *Astrantia maior*, einem Doldenblütler unserer Gebirgswälder, dar (Abb. 4). Die mit einer flachen Bauch- und einer gewölbten Rückenseite versehenen länglichen Früchtchen tragen auf dem Rücken 5 Längsreihen von je etwa 20 stumpfen Höckern. Das bedeutet immerhin eine beträchtliche Oberflächenvergrößerung. Jeder einzelne Höcker aber enthält zwischen den Zellen eine Anzahl riesiger Lufträume, so daß das Gewicht der Frucht verhältnismäßig gering bleibt.

Allgemein können wir zwei große Gruppen von „Flugvorrichtungen" unterscheiden: 1. flügelartige, 2. haarartige Bildungen. Für beide finden wir in der heimischen Pflanzenwelt eine Unzahl von Vertretern. Geflügelte Samen und Früchte (Abb. 5) sind bezeichnend vor allem für viele Waldbäume. Dabei kann die sogenannte „Nuß", d. h. der schwere Teil, der Embryo und Nährgewebe enthält, die verschiedenste Lage einnehmen. Bei der Ulmenfrucht liegt sie im Zentrum des scheibenförmigen Flügels. Beim Ahorn liegt die Nuß am schmalen Ende des einseitig versteiften Flügels, wodurch beim Fallen eine schraubenförmige Bewegung zustande kommt; ähnlich sind die Samen unserer Nadelhölzer gebaut. Eine kleine zweiflügelige Frucht besitzt die Birke; ihr ganz ähnlich aber ist der vollendete Segelfliegersamen von *Macrozanonia macrocarpa*, einem hoch in die Kronen anderer Bäume kletternden Strauche auf den Sundainseln. Der riesige, leicht nach oben gebogene Flügel spannt etwa 5×15 cm, gleichwohl wiegt der ganze Samen nur knapp 0,3 g. Die Nuß und damit der Schwerpunkt ist nach dem Vorderende verlagert;

so kommt es, daß der Samen in ruhigem spiraligen Gleitflug
zu Boden gleitet. In seinem Gesamtbau ist der Samen geradezu Vorbild für die Segelfliegerei geworden.

Obgleich flügelartige Gebilde manchmal eine beträchtliche
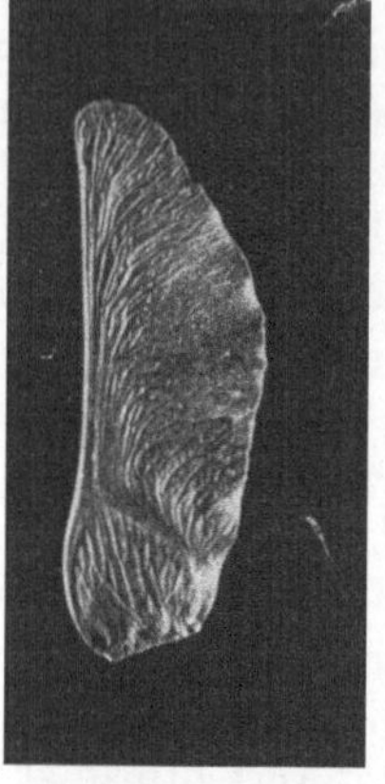
Größe erreichen, ist ihr Gewicht durch
eingelagerte Lufträume doch sehr gering. Bei der Traubenahornfrucht hat
die organische Substanz des Flügels das

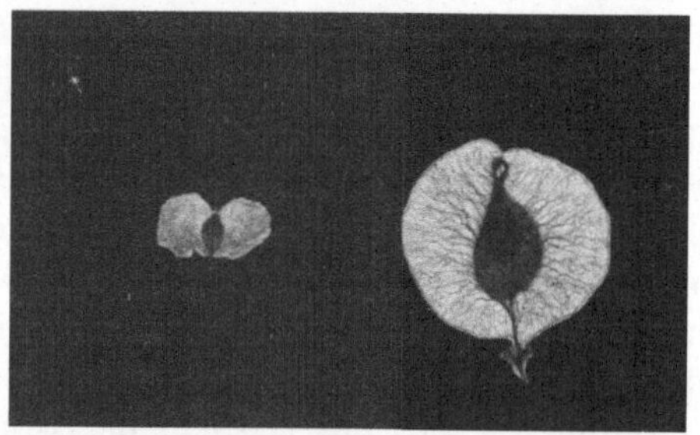

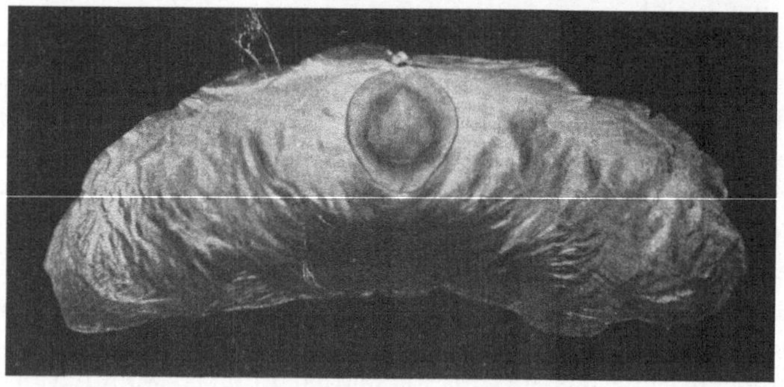

Abb. 5. Geflügelte Früchte und Samen. Oben links Ahorn; oben rechts Birke
(Querdurchmesser etwa 5 mm) und Ulme (Durchmesser etwa 12 mm); unten
Macrozanonia macrocarpa (Querdurchmesser etwa 15 cm).

spezifische Gewicht 1,5, der ganze Flügel aber etwa 0,46. Daß
derartig leichte und daher empfindliche Flügel nicht vom Rande
her einreißen, dafür ist durch eine sparsame, aber äußerst sinn-
reiche Verteilung von Festigungsgewebe gesorgt.

Das Beispiel von *Macrozanonia* zeigte schon, daß sogar
ohne Luftbewegung durch ein Gleitfliegen die Ausbreitung

der Art erreicht werden kann; insofern stellt *Macrozanonia* mit noch ganz wenigen anderen Pflanzen den Höhepunkt einer einseitigen Entwicklung dar. Früchte und Samen aber, die mit Haaren versehen sind, sind durchaus auf bewegte Luft angewiesen. Wir finden sie überhaupt nicht so sehr bei hochwüchsigen und in dichtem Verband stehenden Pflanzen als bei niedrigwüchsigen Gesellschaften. Doch gilt das nicht immer. Denn ebenso bekannt wie die mit Haarschirm versehenen Löwenzahnfrüchte sind die schopfartig behaarten Samen der Weiden und Pappeln.

Ähnlich wie bei den Flügelbildungen kann je nach der Anordnung der

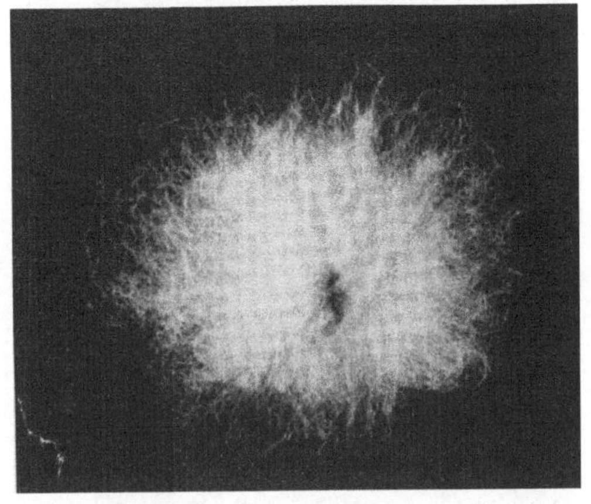

Abb. 6. Baumwollsamen; allseitiger Haarbesatz, etwas beiseite gedrängt, um den Samen sichtbar zu machen.

Haare die Schwerpunktlage verschieden sein. Manche Früchte und Samen sind allseitig behaart, so z. B. bei der Baumwolle (Abb. 6); häufiger aber ist die einseitige Ordnung der Haare zu einem Schopf (z. B. beim Weidenröschensamen); die Vollendung dieses Bauplanes aber finden wir bei den „Schirmfliegern" (Abb. 7), bei denen der Haarschopf auf einem mehr oder weniger langen Stiel steht. Schopf- und Schirmflieger segeln stets in stabilem Gleichgewicht dahin. Die Leichtigkeit der Haarbildungen ist dadurch gewährleistet, daß die bei Samen einzelligen, bei Früchten meist mehrzelligen Haare immer hohl und mit Luft gefüllt sind.

Das Absinken im Wasser.

Genau wie in der Luft ist auch das Absinken im Wasser kein einfacher Vorgang; er hängt auch hier von Eigen-

schaften des Wassers sowohl wie von denen des sinkenden
Körpers ab. Wir waren ausgegangen vom Übergewicht. Ge-
rade in diesem Punkte aber stehen sich Wasserbewohner bedeutend besser als Luftbewohner.

Das Wasser ist nicht nur schwerer, es ist auch zäher als Luft. Die kleinsten Teilchen einer Flüssigkeit lassen sich viel schwerer gegeneinander verschieben als die eines Gases. Wenn ich mit der flachen Hand auf Wasser schlage, so spüre ich heftig den Widerstand, den die Wasserteilchen dem Auseinandergedrängtwerden entgegensetzen.

Wasser und Wasser ist nicht das gleiche. Schon das spezifische Gewicht ändert sich unter durchaus natürlichen Verhältnissen. Salzwasser ist schwerer als das sehr salzarme Süßwasser (im Toten Meer mit seinem Salzgehalt von zum Teil

Abb. 7. Einzelne Früchtchen von „Schirmfliegern"; oben vom Löwenzahn, unten vom Wiesenbocksbart, mit Flächenansicht des zarten Schirmgeflechtes.

über 20% kann ein Mensch überhaupt nicht mehr untergehen). Wasser von 4° C ist schwerer als wärmeres und
kälteres Wasser. Auch die Zähigkeit des Wassers ändert sich
mit dem Salzgehalt und insbesondere mit der Temperatur.
Man kann die Zähigkeit des Wassers messen, indem man es
aus einem sehr engen Rohr tropfenweise ausfließen läßt;
je größer die Zähigkeit, d. h. das Zusammenhangsbestreben

der Wasserteilchen untereinander ist, desto weniger Tropfen werden in der Zeiteinheit ausfließen. So hat man gefunden, daß reines Wasser bei 25° C nur die halbe Zähigkeit besitzt wie bei o°. Wenn es also nur auf die Zähigkeit ankäme, müßte der gleiche Körper im Wasser von o° halb so schnell sinken als im Wasser von 25°. Aber so einfach ist die Sache nicht. Denn mit der Temperatur ändert sich ja auch noch das spezifische Gewicht; und außerdem spielen die durch den Widerstand der meist verwickelten Körperformen bedingten Wasserbewegungen eine gänzlich undurchsichtige Rolle, so daß im Wasser ebensowenig wie in der Luft eine genaue Vorausberechnung der Fallgeschwindigkeit von Lebewesen möglich ist.

Und dazu kommen noch die Wasserbewegungen. Es gibt in der freien Natur praktisch kaum jemals vollkommen ruhiges Wasser, ebensowenig wie es vollkommen ruhige Luft gibt. Jeder Windstoß setzt die Oberflächenschichten eines Gewässers in Bewegung und bewirkt eine mehr oder weniger ausgiebige Durchmischung. Da nimmt es nicht wunder, daß Lebewesen, die keine oder nur eine geringe Eigenbewegung besitzen und sich in verhältnismäßig ruhigem Wasser gerade in der Nähe der Wasseroberfläche aufhalten, bei windigem Wetter gleichmäßig in einer mehrere Meter dicken Wasserschicht verteilt werden. Ständig in einer Richtung wehende Winde sind bekanntlich die Ursache der großen Meeresströmungen, die das Wasser zwar vor allem in der Horizontalen verfrachten, aber insbesondere in Festlandnähe auch unter Umständen das Aufsteigen oder Absteigen großer Wassermassen zur Folge haben können. So gibt es in der Nähe von Messina eine starke aufsteigende Strömung, die eine Fülle von reizvollen Tiefenbewohnern des Meeres, dem Zoologen zur Freude, aber nicht zu ihrem eigenen Vorteil, an die Oberfläche trägt.

Neben dem Wind sind es vor allem Temperaturunterschiede, die, wie in der Luft, auch im Wasser zu gegebenen Zeiten starke Bewegungen hervorrufen können. Kaltes Wasser ist schwerer als warmes, am schwersten aber ist nicht Wasser von o°, sondern von 4° C. Die Wärmeschwankung innerhalb eines Jahres zusammen mit den jahreszeitlich wechselnd starken Winden bedingt z. B. in einem Binnengewässer eine bestimmte Verschiebung der Wassermassen. Nehmen wir an, daß durch die kalten Herbststürme das gekühlte Wasser bis in große Tiefen gleichmäßig durchmischt wird, so kann sich unter der winterlichen Eisdecke das Wasser einigermaßen beruhigen. In der Tiefe wird sich eine Temperatur von etwa 4° einstellen, das schwere Wasser bleibt in der Tiefe liegen; darüber aber liegt das wohl kältere, aber leichtere Wasser in der Nähe der Eisdecke. Fehlt die Eisdecke, so wird sich der Herbstzustand einigermaßen erhalten. Im Frühling beginnt die Erwärmung der oberen Schichten. Das erwärmte leichte Wasser bleibt über dem kälteren tiefen Wasser liegen; die Warmwasserschicht wird im Laufe des Sommers mit der fortschreitenden Wassererwärmung allmählich dicker, bis schließlich im Herbst durch Abkühlung und heftige Winde wieder die volle Durchmischung erfolgt.

Aber nicht nur im Ablauf eines Jahres, auch schon im Tagesverlauf tritt mit dem Temperaturwechsel zwischen Tag und Nacht eine gewisse, wenn auch geringere Umschichtung des Wassers statt. Kühles Oberflächenwasser sinkt in der Nacht ab und wird durch Wassermassen aus der Tiefe ersetzt. Wir müssen uns diese Wasserbewegungen ähnlich wie die Luftbewegungen so vorstellen, daß größere oder kleinere Wasserkörper sich gegeneinander verschieben, wobei wirbelartige Bewegungen auftreten.

Es gibt im Wasser des Meeres und der Binnengewässer in unzähligen Massen kleine Lebewesen, die der Eigenbewegung ganz entbehren. Zu ihnen gehören z. B. die Kieselalgen (Diatomeen, Abb. 8). Sie besitzen nicht selten eine bizarre Gestalt, sind mit allerhand Fortsätzen versehen und sind wohl fast immer schwerer als das Wasser. Und doch findet man sie im freien Wasserraum verbreitet. Ihr verhältnismäßig geringes Übergewicht, ihre bei der Kleinheit verhältnismäßig sehr große Oberfläche läßt sie nur sehr langsam absinken. Gleichwohl wären sie der Tiefe verfallen, wenn sie nicht durch die ständigen winzigen Wirbelbewegungen im

Wasser, für die die mancherlei Körperanhänge geradezu als Fangvorrichtungen dienen, immer wieder hochgerissen würden. So ist es wohl zu verstehen, daß diese Kieselalgen in einem aus dem See geschöpften Wasserglas, in dem das Wasser im Gegensatz zum größeren Seebecken wirklich zur Ruhe kommen kann, sehr schnell absinken. Auch unter natürlichen Verhältnissen sinkt immer ein Teil in die Tiefe. Der Algenbestand einer Wasserschicht ist demnach bestimmt durch das Verhältnis von Sinkgeschwindigkeit zu der Schnelligkeit von Wachstum und Vermehrung.

Segelflieger.

Die vollendetste Ausnützung von Luftbewegungen finden wir bei den großen, segelfliegenden Vögeln. Wir haben uns wohl alle schon an dem wunderbaren Bild eines ohne Flügelschlag ruhig kreisenden Storches oder Raubvogels erfreut. In wärmeren Landstrichen sind die großen Geier, auf dem Meere Albatrosse und Fregattvögel die bezeichnenden Segler. Der Mensch aber hat ihnen in zähem Bemühen ihre hervorragende Fähigkeit abgeschaut.

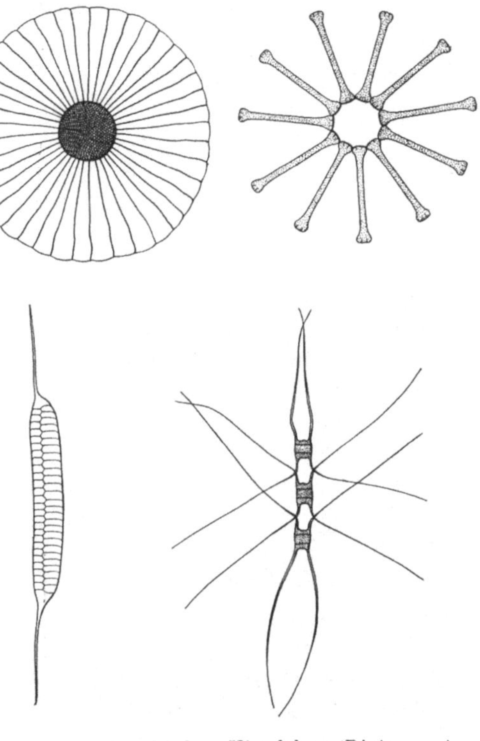

Abb. 8. Verschiedene Kieselalgen (Diatomeen) mit Einrichtungen, die das Absinken im Wasser erschweren. Links oben: *Planktoniella*, mit fallschirmartig in einer Ebene angeordneten Fortsätzen; rechts oben: eine Kolonie von *Asterionella*; links unten: *Rhizosolenia eriensis*; rechts unten: dreizellige Kolonie von *Chaetoceras laciniosus*.

Wenn ich einen kreisenden Vogel erschieße, so fällt er wie ein Stein zu Boden. Wie ist es möglich, daß sich ein oft mehrere Kilogramm schwerer Körper ohne Höhenverlust und ohne Flügelschlag in der Luft halten kann?

Der ganze Vogelkörper ist auf Ausnützung des Luftraumes durchgebildet. Er ist zunächst im Vergleich zu seiner Größe sehr leicht. Einerseits umhüllt den Körper das lockere, mit Luft reich durchsetzte Federkleid, das den warmblütigen Vogel vor Auskühlung schützt, zugleich aber den Vogelkörper größer erscheinen läßt, als er eigentlich, d. h. ohne Federn, ist. Zugleich aber sind auch im Innern des Körpers große Lufträume eingebaut, und zwar zum Teil an Stellen, die z. B. bei Säugetieren mit spezifisch schwerem Gewebe erfüllt sind. Ermöglicht ist das in erster Linie durch den eigentümlichen Bau der Vogellunge.

Die Lunge eines Frosches (Abb. 9) ist ein hohler Sack, von dessen Wand aus in das Innere ein spärliches System von reich durchbluteten Leisten vorspringt. Der luftgefüllte Lungenraum erhält dadurch eine größere innere Oberfläche, durch die der Austausch der Atemgase vor sich gehen kann. Von dieser einfachen Lungenform können wir uns die verwickeltere der Kriechtiere und insbesondere der Säugetiere dadurch entstanden denken, daß die innere Wandbildung, die Aufteilung des Lungenraumes, weiter und weiter ging. Bei den Säugetieren ist es dann schließlich so, daß an den Endstücken des reich verzweigten Systems von Luftröhrchen (Bronchien) die blindgeschlossenen, säckchenförmigen Lungenbläschen sitzen, in denen der Gasaustausch stattfindet.

Bei manchen Kriechtieren nun finden wir hinten an die Lunge anschließend dünnwandige und nicht dem Gasaustausch dienende Luftsäcke (Abb. 9). Bei den Vögeln aber, die sich stammesgeschichtlich eng an die Kriechtiere anschließen, ist dieser Bauplan der Lunge zur Vollendung gediehen. Eine ganze Anzahl von Luftsäcken schließt sich in bestimmter Ordnung an den eigentlichen atmenden Lungenteil an; dieser selbst ist verhältnismäßig klein und besteht aus einem Gewirr von feinen und feinsten Luftröhrchen, die mit den Bronchien einerseits, mit den Luftsäcken anderer-

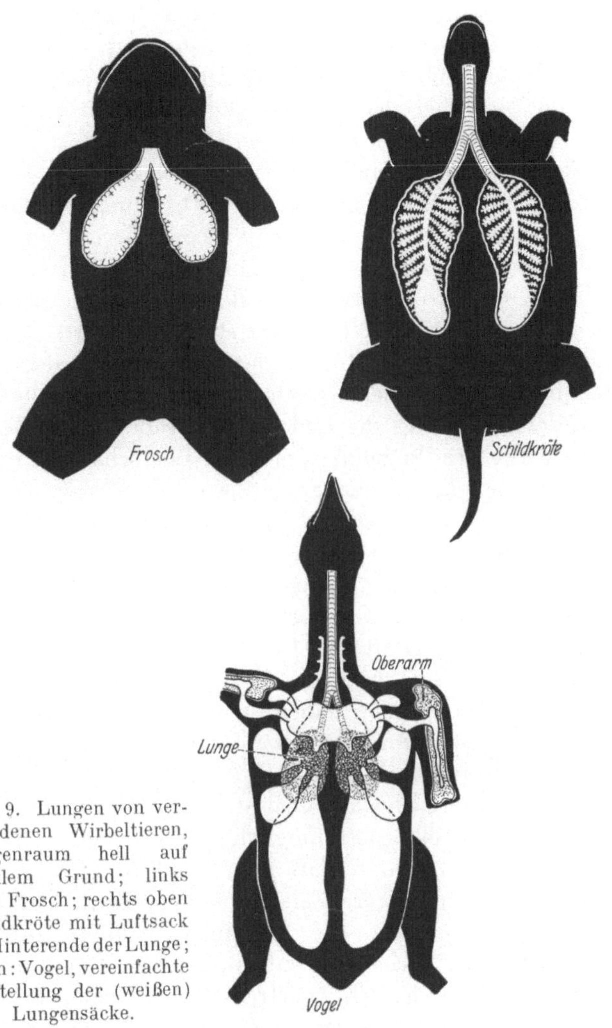

Abb. 9. Lungen von verschiedenen Wirbeltieren, Lungenraum hell auf dunklem Grund; links oben Frosch; rechts oben Schildkröte mit Luftsack am Hinterende der Lunge; unten: Vogel, vereinfachte Darstellung der (weißen) Lungensäcke.

seits in Verbindung stehen, und durch deren Wand hindurch der Gasaustausch mit dem Blut stattfindet.

Ein großer Teil der Luftsäcke liegt in der Leibeshöhle zwischen den Eingeweiden. Manche Luftsäcke aber haben Ausbuchtungen, die sich bis in das Gewebe unter der Haut, vor allem aber in die größeren Knochen hinein erstrecken. Räume, die z. B. in den Säugetierknochen mit Knochensubstanz oder mit Knochenmark, also mit schweren Stoffen erfüllt sind, sind bei den meisten Vogelknochen hohl, luftgefüllt; andere Knochen bekommen einen schwammigen Bau, ohne doch deswegen an Festigkeit zu verlieren. Aber der Knochen wird leicht; man wundert sich immer wieder über die Leichtigkeit eines Vogelskeletts. Eins aber ist zu beachten: der Vogelkörper wird mit seinen Luftsäcken und luftgefüllten Knochen nicht zu einem Ballon. Denn in den Hohlräumen ist ja kein Gas, das leichter ist als Luft. Auch die Erwärmung der Luft im Innern des Körpers kann dem Vogel keinen irgendwie nennenswerten Auftrieb verleihen.

Man darf allerdings die Bedeutung der Lufträume für das Leichtmachen des Vogelkörpers nicht überschätzen. Es gibt ausgezeichnete Flieger und Segler, wie z. B. die Möwen und Seeschwalben, deren Knochen nicht mit Luft gefüllt sind. Die Luftsäcke als Anhängsel der Lungen sind in erster Linie von Bedeutung für die Atmung; sie ermöglichen eine den Umständen entsprechende, wechselnde Versorgung der Lungen mit Luft und damit bei starker Beanspruchung eine besonders gute Ausnützung des Luftsauerstoffes. Gewissermaßen als Nebenaufgabe haben sie auch das Leichtmachen des Körpers übernommen, insbesondere, soweit sie in die Knochen eindringen.

Es wirken viele Umstände zusammen, die die Gewichtsbelastung des Vogelkörpers möglichst herabdrücken. So wird z. B. durchweg vermieden, daß allzu große Nahrungsmengen im Darmkanal für längere Zeit gestapelt werden. Der Darm ist vergleichsweise kurz, die Nahrung durchläuft ihn sehr schnell, wird aber gleichwohl gut ausgenützt. Denn sie wird insbesondere bei den Körnerfressern in dem kräftigen Muskelmagen fein zermahlen; auch ist die Verdauungskraft der Fermente sehr groß.

Zum Segler aber wird der Vogel erst durch seine Flügel. Und die stellen in ihrem Bau wirklich ein Wunderding dar.

Die Achse des Flügels (Abb. 10) ist gebildet aus dem Skelett, das aus den gleichen Teilen besteht wie unser Arm: aus

Oberarm, Unterarm mit Elle und Speiche, Handwurzel,
Mittelhand und Fingern. Doch ist die Hand beim Vogel
stark zurückgebildet. Außer einem kurzen, aber deutlich ab-
gesetzten „Daumen" sind nur
noch zwei miteinander ver-
wachsene Mittelhandteile und
Finger vorhanden. Diese Ske-

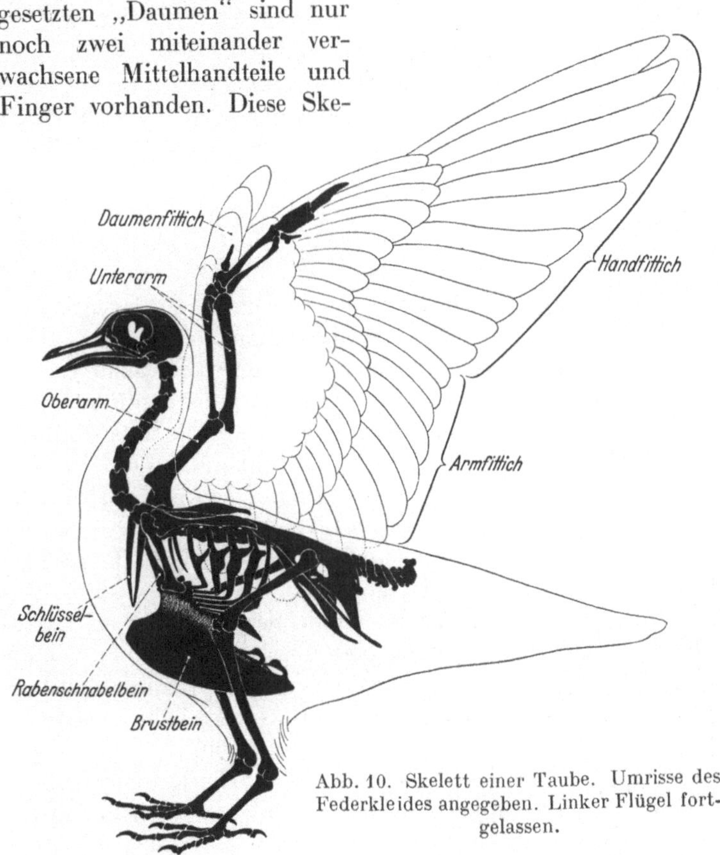

Abb. 10. Skelett einer Taube. Umrisse des
Federkleides angegeben. Linker Flügel fort-
gelassen.

lettachse zieht als verdickter Versteifungsstab am Vorderrand des Flügels entlang. An ihn schließt sich nach hinten
die eigentliche Flügelfläche an, die gebildet wird von den großen Schwungfedern an Unterarm und Hand. Die Schwungfedern stehen in Körpernähe senkrecht zum Unterarmskelett
nach hinten, an der Hand aber stellen sie sich mehr und

23

mehr in Richtung des Skeletts, so daß die äußeren Handschwingen die direkte Verlängerung des Skeletts darstellen.

Die Flügelfläche setzt sich also aus einzelnen Teilen, den Schwingen, zusammen. Die Schwinge aber ist wiederum ein kompliziert zusammengesetztes flächenförmiges Gebilde, ein Wunderwerk für sich mit einer Fülle von sinnreichen Einrichtungen, und ist doch nur ein totes, aus Horn gebildetes Anhängsel der Haut.

Jede Feder entsteht aus verhornenden Zellen der Oberhaut. Die Fähigkeit zum Verhornen zeigen die Oberhautzellen bei allen Wirbeltieren; wir sehen sie am eigenen Leib in der schwieligen Hand bei harter Arbeit. Eine besondere Leistung aber stellt es dar, wenn Horngebilde von ganz bestimmter Gestalt entstehen, wie es z. B. die Hornschuppen der Eidechsen und Schlangen oder die Haare der Säugetiere sind. Die Federn aber sind die verwickeltst geformten Horngebilde, die wir überhaupt kennen. Die Entstehung ihrer Form ist genau so rätselhaft wie die Entstehung der bezeichnenden Form eines ganzen Tierkörpers überhaupt. Kennten wir die Gesetze, nach denen diese Formen entstehen, so hätten wir das Rätsel des Lebens gelöst.

Die Schwungfeder (Abb. 11) hat wie der Flügel eine Achse: den Schaft, der mit seinem unteren Teil, der Spule, in der Haut steckt.

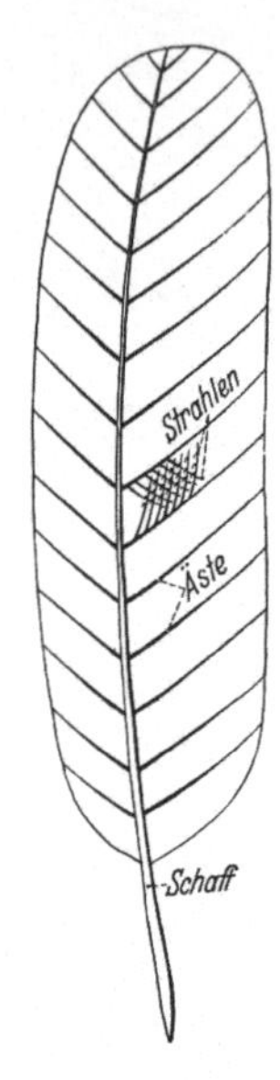

Abb. 11.
Stark vereinfachte Darstellung einer Schwungfeder; die Zahl der „Äste" und „Strahlen" ist in Wirklichkeit viel größer.

Die Fläche der Federfahne aber ist keine einheitliche Hornfläche, sondern ist gebildet von einer Vielzahl flach stabförmiger Gebilde. Vom Schaft gehen jederseits die „Äste" (Rami) weg. Schaft und Äste sind nicht massiv aus Horn, sondern ihre innere Markschicht hat durch Einlagerung von Luft einen schwammigen Bau. Die Anordnung der Hornteile ist so, daß die Festigkeit der Feder verbürgt ist; der Luftgehalt aber macht die Feder leicht. Jeder Ast ist jederseits besetzt mit den „Strahlen" (Radii), die sich in-

24

einander verhaken und so der Fahnenfläche bei einer gewis-
sen Elastizität erst den Zusammenhalt geben (Abb. 12). Alle
Strahlen sind flache, schmale Hornstreifen, die aus *einer*
Reihe hintereinanderliegender verhornter Zellen bestehen.
Die Strahlen, die vom Federast weg zur Federspitze zeigen,

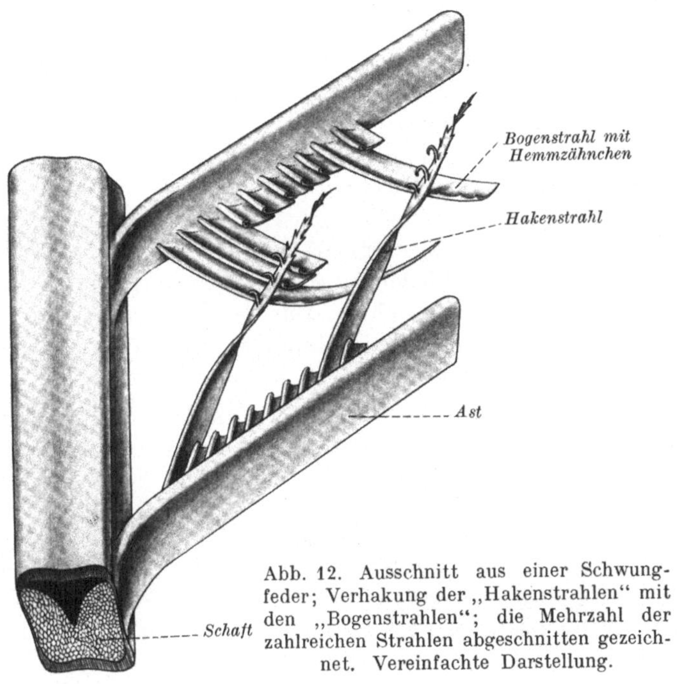

Abb. 12. Ausschnitt aus einer Schwungfeder; Verhakung der „Hakenstrahlen“ mit
den „Bogenstrahlen“; die Mehrzahl der
zahlreichen Strahlen abgeschnitten gezeichnet. Vereinfachte Darstellung.

besitzen eine Reihe hakenförmig umgebogener Fortsätze
(„Hakenstrahlen“). Die Strahlen dagegen, die federabwärts
zeigen, können wir in ihrer Gestalt vergleichen mit dem
Blatt einer Sense: sie sind bogenförmig („Bogenstrahlen“)
und besitzen wie die Sense einen umgeschlagenen Ver-
steifungsrand. Haken- und Bogenstrahlen stehen schief von
den Ästen weg; die Hakenstrahlen eines Astes überkreuzen
also die Bogenstrahlen des nächsten zur Federspitze hin folgenden Astes, und zwar überkreuzt jeder Hakenstrahl mehrere Bogenstrahlen. Je ein Häkchen eines Hakenstrahles

greift hinter den umgeschlagenen Rand eines Bogenstrahles, so daß also jeder Hakenstrahl mit mehreren Bogenstrahlen verankert ist. Zugleich aber ist jeder Bogenstrahl auch mit mehreren Hakenstrahlen verbunden. Die Häkchen haben hinter dem Umschlagsrand des Bogenstrahles eine gewisse Bewegungsfreiheit; sie können hin und her gleiten, können ihre Führung aber nicht vollkommen verlassen. Denn nach der Spitze des Bogenstrahles zu sitzen am Umschlagsrand Hemmungszähnchen, die ein Herausgleiten aus dem Führungsrand und damit eine allzu leichte Lösung des Zusammenhanges verhindern (Abb. 12).

Wir haben hier nur den Grundbauplan der Feder schildern können. Im Feinbau, vor allem der Strahlen, zeigen sich noch mancherlei andere Einrichtungen, die für die Aufgaben der Feder an den verschiedenen Stellen des Körpers nützlich sind. Das Studium der Feinstruktur der Feder führt in eine Wunderwelt für sich. Die Leistung, die der Körper bei der Federbildung vollbringt — nicht nur einmal im Leben des Vogels, sondern beim regelmäßigen Federwechsel ein- bis zweimal im Jahr —, ist um so erstaunlicher, als die Einzelfeder gar keine Gelegenheit hat, einen etwaigen Fehler ihres Aufbaues zu verbessern und sich anzupassen. Ein Knochenbruch heilt; ein Knochen, dessen Belastung sich ändert, stellt sich durch Änderung seines Aufbaues auf die neue Aufgabe ein; denn der Knochen ist von Leben erfüllt. Die Feder aber ist, einmal fertig gebildet, nicht mehr fähig, ihre Form zu ändern.

Wie sind nun die Schwungfedern, deren Zahl bei den verschiedenen Vogelarten beträchtlich wechselt, miteinander zur Bildung der einheitlichen Flügeldecke verbunden? Die Schwingen stehen an Arm und Hand so dicht, daß ihre Fahnen sich teilweise überdecken, und zwar so, daß der dem Schultergelenk abgewandte schmalere Schwingenteil sich immer über den breiteren Schwingenteil der nächstfolgenden Schwungfeder legt. Dieser fächerförmige Bau des Flügels erleichtert natürlich das Zusammenlegen zur Ruhelage außerordentlich.

Ein Querschnitt durch den gestreckten Flügel zeigt ein nach oben gewölbtes Profil (Abb. 15). Das wird erreicht da-

durch, daß die einzelnen Armschwingen der Länge nach, die
mehr und mehr in die Längsrichtung des Armes gestellten
Handschwingen aber mehr und mehr der Quere nach gewölbt
sind. Der gleichmäßige Übergang vom verdickten Flügel-
vorderrand zur Schwungfederfläche kommt durch kürzere
und längere Deckfedern zustande; die Flügeloberflächen
werden dadurch glatt und bieten der vorbeistreichenden Luft
wenig Gelegenheit zur Bildung von hemmenden Wirbeln.
So finden wir die wesentlichen Baugrundsätze der Flugzeugflügel am Vogelflügel wieder; nicht zufällig. Denn der fliegende und insbesondere der segelnde Vogel war dem for-
schenden Menschen der große Lehrmeister.

Wir wollen uns klarmachen, welche Kräfte auf einen
Vogel einwirken, der mit regungslos ausgespannten Flügeln
und mit bestimmter Geschwindigkeit durch die Luft segelt,
ohne an Höhe zu verlieren. Es gibt zwei Kräftepaare, die
sich gegenseitig ausgleichen:

1. Der Widerstand, den der Vogelkörper in der Luft findet; ihm wirkt entgegen

2. eine Kraft, die den Vogel vorwärts bringt; sie muß
ebenso groß sein wie der Widerstand, wenn der Vogel nicht
Geschwindigkeit verlieren soll;

3. die Schwere = Anziehungskraft der Erde zieht den Vogel
nach unten; ihr wirkt entgegen

4. die Hubkraft; diese muß gerade so groß sein wie die
Schwere.

Der Widerstand des Vogelkörpers in der Luft ist verhältnismäßig gering, da der Vogelkörper sehr vorteilhaft ge-
staltet ist. Genau wie bei dem modernen Flugzeug sind
Vorsprünge, Kanten und Rauhigkeiten, die die Bildung kraft-
zehrender Luftwirbel fördern könnten, weitgehend vermieden. Erreicht wird das durch das Federkleid, das die Un-
regelmäßigkeiten des federlosen Körpers ausgleicht. Das
wird am deutlichsten beim Anschluß des Kopfes an den
Rumpf (Abb. 10). Am gerupften Vogel wundern wir uns
über den verhältnismäßig dünnen Hals, der den dicken Kopf
mit dem Rumpf verbindet. Durch das Federkleid aber läuft
die Umrißlinie des Körpers gleichmäßig vom Kopf zum

Rumpf. Es entsteht so, ganz ähnlich wie beim halslosen Fisch, die torpedoartige Gestalt, die der Luft geringsten Widerstand bietet.

Die Widerstandskraft wirkt entgegen der Bewegungsrichtung. Wenn der Vogel die gleiche Geschwindigkeit beibehalten soll — wir wollen diesen Fall einmal annehmen —, dann muß die Widerstandskraft durch eine Vortriebskraft gerade ausgeglichen werden. Beim mit den Flügeln rudernden Vogel kommt dieser Vortrieb durch den Flügelschlag zustande. Wir kommen später darauf zurück. Das muß beim segelfliegenden Vogel, der die Flügel ruhig hält, anders sein. Wir wollen zunächst einmal die Vortriebskraft einfach als gegeben annehmen. Eins aber ist beachtenswert: Da der Widerstand des Vogelkörpers verhältnismäßig gering ist, braucht auch die Vortriebskraft nicht sehr groß zu sein. Das Vorwärtskommen allein kann also dem Vogel gar nicht soviel Mühe machen, wie man annehmen möchte.

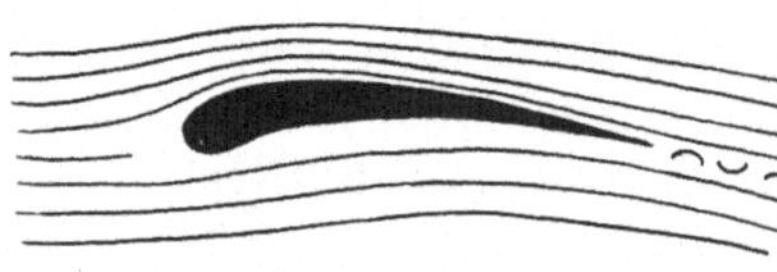

Abb. 13. Verlauf der Luftströmung am (schwarz gezeichneten) gewölbten Flügelquerschnitt.

Vergleichsweise groß aber ist die Kraft, die den Vogel zur Erde niederzieht; sie ist größer als die Widerstandskraft und muß durch eine gleich große Hubkraft ausgeglichen werden, wenn nicht der Vogel an Höhe verlieren soll. Wie kommt diese Hubkraft zustande? Hier spielt die vorhin erwähnte Wölbung der Flügelfläche eine ausschlaggebende Rolle.

Wenn ein Luftstrom von bestimmter Stärke auf die Vorderkante einer gewölbten Fläche trifft, so entstehen bestimmte Kräfte. Dabei ist es gleichgültig, ob sich die Fläche durch die ruhende Luft bewegt, oder ob bewegte Luft an der ruhenden Fläche vorbeistreicht. Tatsächlich hat man die am Vogelflügel auftretenden Kräfte so gemessen, daß man den festgestellten ausgestopften Vogel von vorn her mit einem kräftigen Luftstrom angeblasen hat; wie man entsprechend die Eigenschaften der Flugzeuge im Windkanal untersucht. Streicht die Luft an einer gewölbten Fläche vorbei (Abb. 13), so bewegen sich die Luftteilchen an der oberen Wölbungsseite, an der ihre Stromlinien zusammengedrängt werden, schneller vorbei als an der unteren Höhlungsseite. Das hat zur Folge, daß über der Wölbungsseite ein Unterdruck oder Sog entsteht, unter der Höhlungsseite aber ein Überdruck (Abb. 14). Man kann sich von dem Vorhandensein dieser Druckkräfte durch entsprechend angebrachte Druckmesser überzeugen. Dabei zeigt sich, daß der Sog über dem Flügel etwa dreimal so groß ist wie der von unten wirkende Druck. Beide

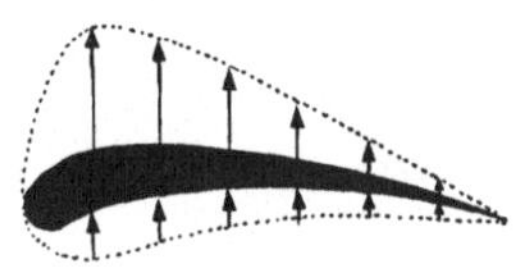

Abb. 14. Die beim Vorbeistreichen von Luft am gewölbten Flügel entstehenden Kräfte, durch die Länge der Pfeile angegeben; über dem Flügel kräftiger Sog, unter dem Flügel schwächerer Druck.

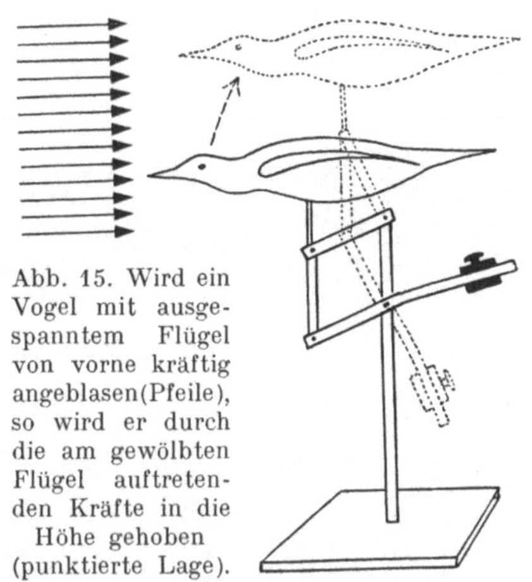

Abb. 15. Wird ein Vogel mit ausgespanntem Flügel von vorne kräftig angeblasen (Pfeile), so wird er durch die am gewölbten Flügel auftretenden Kräfte in die Höhe gehoben (punktierte Lage).

Kräfte aber wirken gleichsinnig: sie heben den Flügel und damit den Vogelkörper (Abb. 15). Man kann diese Hubkraft leicht sichtbar machen, wenn man über ein gewölbtes Papierblatt, das um eine Achse drehbar ist, kräftig hinwegbläst.

Die Größe der Hubkraft hängt von verschiedenen Umständen ab. Zunächst von der Geschwindigkeit, mit der sich Luft und Flügel gegeneinander bewegen: Je schneller der Vogel die Luft durchschneidet, desto größer wird die Hubkraft. Damit hängt es zusammen, daß der Vogel zum Segeln einer bestimmten Mindestgeschwindigkeit bedarf, die allerdings bei den verschiedenen Arten etwas wechselt.

Ferner spielt der sogenannte „Anstellwinkel" eine Rolle. Abb. 16 zeigt, was man darunter versteht. Der Anstellwinkel kann also gleich o sein, oder größer, und zwar positiv und negativ. Es ist nun so, daß die Hubkraft am größten ist bei positivem Anstellwinkel; doch darf der Winkel nicht zu groß werden: Ist die Flügelfläche zu stark gegen den Luftstrom gestellt, so tritt statt der Hubwirkung eine heftige Bremswirkung auf. Wird der Anstellwinkel kleiner und nähert sich dem Wert o, so wird auch die Hubkraft

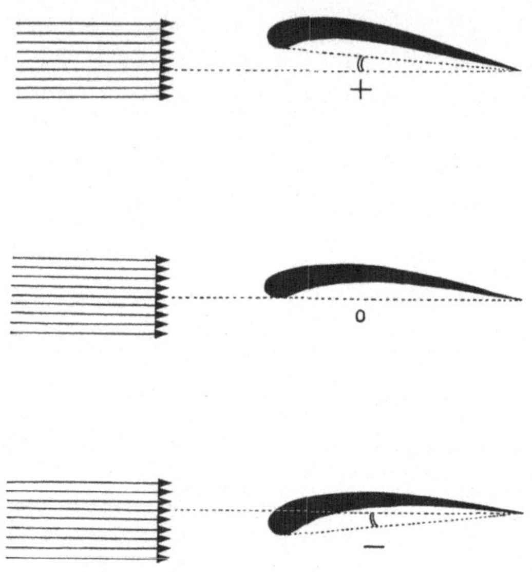

Abb. 16. Verschiedener Anstellwinkel des Flügels; er ist oben positiv, in der Mitte gleich Null, unten negativ.

kleiner, bleibt aber immer noch beträchtlich; ja sie bleibt sogar noch erhalten, wenn der Anstellwinkel negativ wird; doch darf auch der negative Winkel nicht zu groß werden.

Wie wirken alle diese Kräfte beim segelnden Vogel miteinander? Wir gehen davon aus, daß der Vogel mit einer bestimmten Geschwindigkeit daherkommt. Der Luftwiderstand wird ständig die Geschwindigkeit herabsetzen. Ein Vortrieb durch Flügelschlag fehlt. Die Geschwindigkeitsabnahme wird das Gleichgewicht zwischen Hubkraft und Schwerkraft stören; die Hubkraft wird kleiner, die Schwerkraft bleibt sich gleich: der Vogel sinkt. Der Vogel kann

zwar Geschwindigkeit gewinnen, indem er seine potentielle
Energie, d. h. seine hohe Lage über dem Erdboden, ausnützt.
Er kann sich schief herabfallen lassen, aber er verliert eben
dadurch auch wieder an Höhe. Ohne Antrieb durch Flügelschlag wäre also ein Vogel immer nur zu einem mehr oder
weniger langen Gleitflug fähig, der ihn ständig der Erde
näher bringt. Es liegt dann an
dem guten Bau des Flügels,
ob der Höhenverlust beim
Gleitflug vergleichsweise nied-

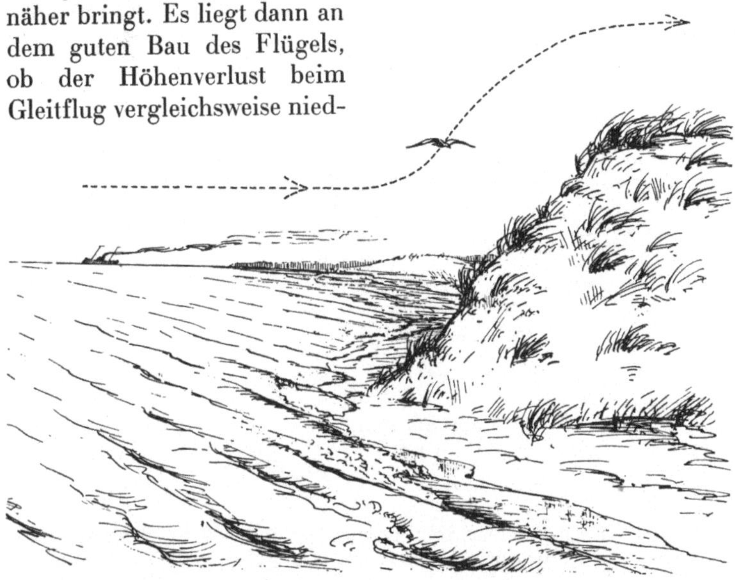

Abb. 17. Möwe, im aufsteigenden Wind vor der Düne segelnd.

rig gehalten werden kann. Es ist wissenswert, daß dieser Gleit-
winkel bei modernen Segelflugzeugen sogar günstiger liegt
als bei den besten segelfliegenden Vögeln: der Schüler hat in
diesem Fall seinen Lehrmeister übertroffen.

Ein Segeln ohne Höhenverlust wird erst möglich in einem
aufsteigenden Luftstrom. Verliert der gleitende Vogel in der
Sekunde 2 m an Höhe, steigt aber zugleich die Luftmasse, in
der er sich bewegt, in der Sekunde 2 m auf, so hebt sich das
gegenseitig auf: der Vogel behält seine Höhe. Er kann sogar
Höhe gewinnen, wenn die Geschwindigkeit des aufsteigenden
Luftstromes größer ist als der Fallverlust. Segelfliegen ist

also gewissermaßen ein Gleitfliegen im aufsteigenden Luftstrom.

Man hat sich lange darüber gestritten, wie das Segelfliegen der Vögel möglich sei. Heute aber weiß man, daß die ausgezeichneten Segler unter den Vögeln Aufwinde am Hang und das, was wir oben als „Thermik“ bezeichneten, in geschickter Weise auszunützen verstehen, genau wie der Mensch als Segelflieger (Abb. 17 und 18). Das gilt vor allem

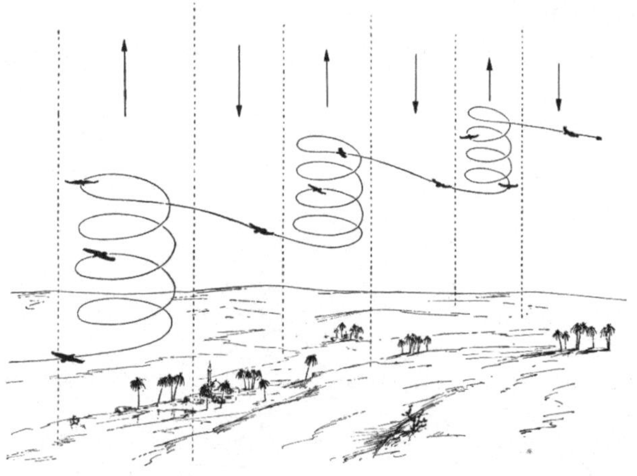

Abb. 18. Geier, in der Wüste segelnd unter Ausnutzung von Schläuchen aufsteigender Luft, Richtung der Luftbewegung durch Pfeile angegeben.

für die großen Segler auf dem Lande: die großen Raubvögel, Störche und andere. Denn gerade auf dem Lande finden wir ja wegen der unregelmäßigen Erwärmung aufsteigende und absteigende Luftkörper. Die Beobachtung segelnder Vögel, verbunden mit feinen Temperaturmessungen, hat gezeigt, daß ein Segeln in Luftkörpern stattfindet, die etwas wärmer sind als die Umgebung und daher aufsteigen. Das Kreisen aber hat vor allem den Sinn, den Vogel im Bereich der oft recht schmalen aufsteigenden Luftschläuche zu halten. Verläßt er den aufsteigenden Luftstrom, so muß er unter Höhenverlust im Gleitflug einen neuen Thermikschlauch zu erreichen suchen, falls er es nicht vorzieht, zum Ruderflug überzugehen.

Für die Flügel vieler Landsegler ist es bezeichnend, daß
die Handschwingen nach dem Ende der Hand zu mehr und
mehr voneinandergespreizt werden (Abb. 19). Zugleich werden die Schwingen hier sehr schmal, da vor allem die verhältnismäßig breite Innenfahne der Schwingen sich verschmä-
lert (Abb. 20). Der Flügel der Landsegler ist dadurch an
seinem Ende gewissermaßen in eine Reihe schmaler Flügel
aufgelöst. Um dies zu verstehen, müssen wir uns Folgendes
vor Augen halten: An jedem Flügel eines
Segelfliegers gibt es eine flugtechnisch ungün-
stige Stelle: das freie Außenende. Denn hier
treffen sich die Luftströmungen in einer so

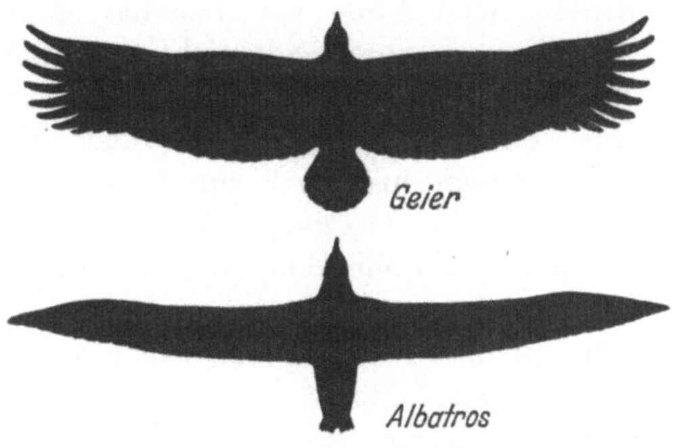

Abb. 19. Schattenbild oben eines Landseglers (Geier),
unten eines Meeresseglers (Albatros).

Abb. 20. Ausge-
schnittene Hand-
schwinge eines
Landseglers.

ungünstigen Weise, daß Luftwirbel gebildet werden, die wie
ein Zopf hinter den Flügelenden stehen. Luftwirbel aber be-
deuten Widerstand; tatsächlich sind die beiden Wirbelzöpfe
an den Flügelenden die Hauptquelle des Widerstandes, den
das Flugzeug bzw. der Vogel in der Luft findet. Dieser
Widerstand läßt sich nicht vermeiden, da die Flügel nicht
unendlich lang gemacht werden können. Aber eines ist klar:
der Widerstand ist um so geringer, je größer die wegen ihrer
Wölbung tragende Flügelfläche im Vergleich zum Flügel-
ende ist. Das heißt: Ein langer, schmaler Flügel ist ein bes-
serer Segelflügel als ein kurzer, mag dieser auch verhältnismäßig breit sein. Die vollendetsten Segler unter den Vögeln
— die Meeressegler, auf die wir weiterhin noch eingehen

müssen — sind tatsächlich im Besitze außerordentlich langer und schmaler Flügel (Abb. 19). Die Landsegler aber, eben z. B. die großen Landraubvögel, haben demgegenüber kürzere und breitere Flügel; vielleicht, damit die von unten hebenden Aufwinde eine größere Angriffsfläche finden. Dieser flugtechnische Nachteil des breiten Flügels aber wird bis zu einem gewissen Grade ausgeglichen durch die Auflösung des Flügelendes in eine Anzahl sehr schmaler Einzelflügel; sie wirken, wie ein Flugtechniker sich einmal ausdrückte, so „wie ein schlankerer Flügel größerer Spannweite mit nur einer Spitze".

Der Vogelflügel birgt in seinem Bau, das kommt uns allmählich zum Bewußtsein, eine Fülle von fabelhaft sinnreichen Einrichtungen. Aber wir sind noch nicht am Ende. Die Flugzeugbauer kennen schon seit längerer Zeit den sogenannten „Spaltflügel" oder „Hilfsflügel". Er sitzt beim Flugzeugflügel am Vorderrande und hat zur Folge, daß auch bei größerem Anstellwinkel als gewöhnlich die Luftströmungen noch nicht unter Wirbelbildung von der Flügelfläche abreißen. Zum Segeln ist, wie wir nunmehr verstehen, eine bestimmte, nicht zu geringe Geschwindigkeit nötig, zugleich noch eine gewisse Masse des bewegten Körpers, die der Bewegung die nötige Stetigkeit gibt. Daher kommt es, daß nur verhältnismäßig große und schwere Vögel zu echten Seglern wurden. Das hat aber auch seine Grenzen. Denn je größer die Masse ist, desto größer ist auch die Mindestsegelgeschwindigkeit. Wenn der Vogel einmal in der Luft ist, besteht zwar keine Schwierigkeit. Aber er muß starten und landen. Beim Starten muß möglichst schnell die Mindestgeschwindigkeit erreicht werden, was dem Vogel oft nicht leicht fällt. Beim Landen aber muß, damit es ohne Knochenbruch möglich wird, die Geschwindigkeit erniedrigt werden. Ein größerer Anstellwinkel beim Landen bremst zwar und wird daher vom Vogel eingestellt; aber es besteht die Gefahr, daß dadurch der Auftrieb plötzlich wegfällt und der Vogel abstürzt. In diesem Augenblick aber stellt der Vogel seinen „Hilfsflügel" so ein, daß er bei größerem Anstellwinkel, also verringerter Geschwindigkeit, gleichwohl nicht abstürzt. Dieser Hilfsflügel ist der sogenannte „Daumenfittich", ein eigener kleiner Fittich vor dem Handgelenk, also am Flügelbug (Abb. 10). Er wird getragen vom Daumen und kann durch besondere Muskeln vom Hauptflügel abgespreizt werden; das findet gerade vor allem beim Starten und Landen statt. Im vollen Segelflug aber ist er dem Hauptflügel meist glatt angelegt.

Segler über dem Meere.

Landsegler sind auf Aufwinde angewiesen, und nur auf dem Lande kommt es zu kräftigen Aufwinden. Störche legen einen großen Teil ihres herbstlichen und frühjährlichen Wanderzuges im kreisenden Segelflug zurück. Damit wird es wohl zusammenhängen, daß der Zug der Störche nach Südafrika westlich und östlich um das Mittelmeer herumführt.

Nun gibt es aber gerade unter den Seevögeln ausgesprochene Segler. Schon die Möwen zeigen gern ihre Segelkünste. Aber sie sind doch im Grunde genommen Strandvögel; man sieht sie segeln im Aufwind vor den Dünen (Abb. 17), an denen der Luftstrom in die Höhe geführt wird; oder auch bei Möwen, die ein Schiff begleiten, dort, wo am Schiffsrumpf ein Aufwind entsteht. Die Möwen gehören also noch zu den Aufwindseglern.

Weitab vom Lande aber sieht man die Albatrosse, Fregattvögel und Sturmschwalben stundenlang ohne einen Flügelschlag dahinsegeln, in einem Gelände also, in dem von Aufwinden nicht die Rede sein kann. Wie ist diesen Vögeln ein Segeln möglich?

In ihrem Flügelbau zeigen sie die vollendetste Anpassung an das Segeln durch den Besitz besonders langer und schmaler Flügel (Abb. 19). Ihr Segelflug spielt sich in nicht allzu großer Höhe über dem Meeresspiegel ab, etwa im 30-m-Bereich. Hier aber fliegt der Albatros in ganz regelmäßiger Weise Kurven (Abb. 21), und zwar so, daß der Anstieg dicht über der Meeresoberfläche beginnt und stets gegen den Wind erfolgt; dann macht der Vogel eine Kurve, und es folgt ein Abstieg mit Rücken- oder Seitenwind, alles stets ohne Flügelschlag. Der Vogel muß dabei irgendwie die Kraft gewinnen, die ihn in der Luft hält.

Wir erinnern uns an die Tatsache, daß die Windgeschwindigkeit dicht über der Erdoberfläche wegen der Reibungswiderstände geringer ist als in der Höhe und daß der Vogelflügel beim Eintritt in stärkeren Luftstrom Auftrieb gewinnt. Wenn also der Albatros gegen den Wind in die Höhe steigt,

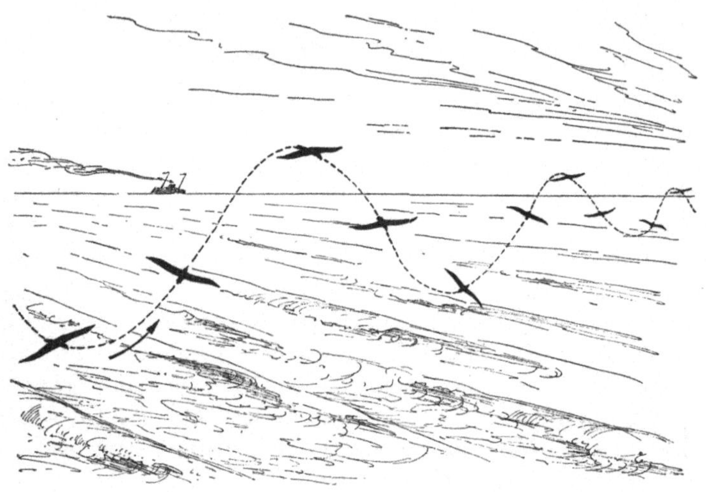

Abb. 21. Kurvensegelflug des Albatros. Der Wind kommt von rechts.

kommt er in stärkere Luftströmungen und gewinnt Auftriebsenergie, dazu auch noch potentielle Energie, verliert aber zugleich etwas an Geschwindigkeit. Macht er jetzt einen Bogen und steigt mit Seiten- oder Rückwind ab, so gewinnt er einerseits an Geschwindigkeit, zugleich aber gerät er in langsamere Luftströmungen. Das bedeutet aber keinen Auftriebsverlust. Denn auch beim Abstieg in langsamere Strömungen wird ja die Bewegung des Vogelkörpers gegen die Luft — und nur darauf kommt es an — vergrößert. Der Vogel muß also so segeln, daß Auftrieb und Geschwindigkeit durch die Windkräfte in verschiedenen Höhen richtig gegeneinander ausgewogen werden. Daß er das kann, macht er uns vor. Aber der Mensch, der sich mit der bloßen Tatsache mei-

stens nicht zufrieden gibt, hat
nachträglich durch Rechnung
„bewiesen“, daß der Albatros und
seine Gefährten auf hoher See
auch ohne Thermik tatsächlich
segelfliegen können.

Gleitflieger.

Der Segelflug der Vögel stellt
eine Spitzenleistung dar, die sogar innerhalb der Gruppe der
Vögel nur recht selten erreicht
wird. Es gibt auch in anderen
Wirbeltiergruppen Formen, die,
so scheint es, ein Ähnliches ver-
suchten, es aber doch nur bis zu
einem mehr oder weniger vor-
trefflichen Gleitflug brachten.
Immer handelt es sich um Baum-
bewohner, die von der Höhe den
Sprung in die Luft wagen, abwärts gleitend den Nachbarbaum
zu erreichen suchen und kletternd
wieder die verlorene Höhe gewinnen. Es ist einleuchtend, daß
eine fallschirmartige Vorrichtung
den beim weiten Sprung unver-
meidlichen Höhen-
verlust verringern, die
Sprungweite also ver-
größern würde. Bei
den Flughörnchen
(Abb. 22), in Asien
und Afrika lebenden
Verwandten unseres
Eichhörnchens, ist an
den Körperflanken
zwischen Vorder- und

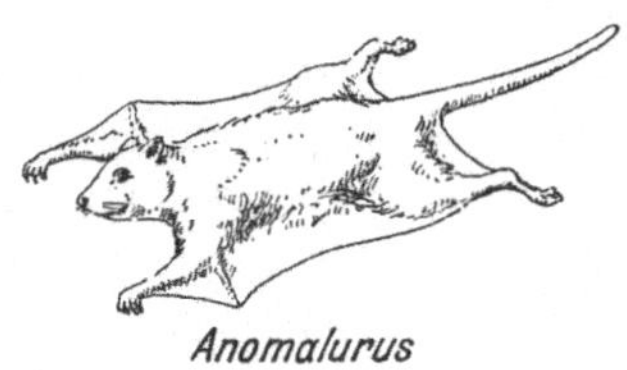

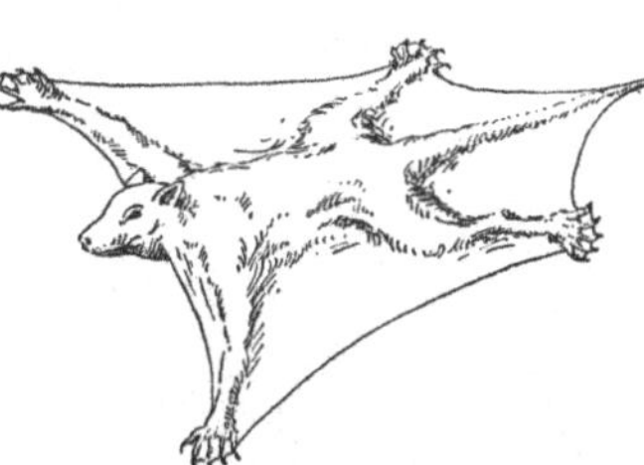

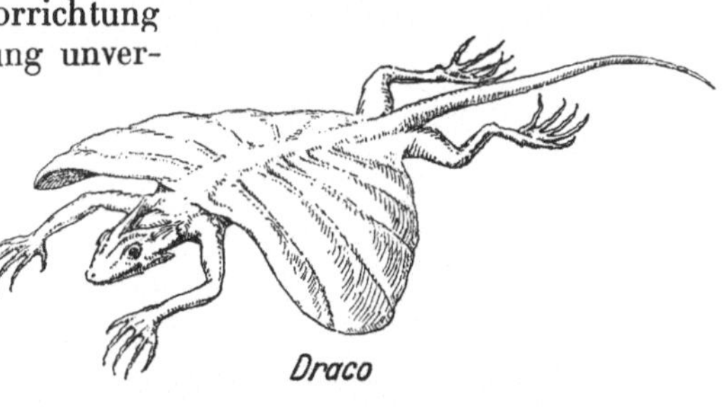

Abb. 22. Verschiedene Gleitflieger. Von oben
nach unten: Afrikanisches Flughörnchen *Anomalurus*; Flugmaki *Galeopithecus*; Flugfrosch
Rhacophorus; Flugechse *Draco*.

37

Hinterbeinen eine Hautfalte, eine Art einfache Flughaut ausgebildet, die beim Sprung als Fallschirm dienen kann. Beim
afrikanischen Flughörnchen *Anomalurus* wird das Spreizen des
Fallschirmes gefördert durch einen Knorpel, der vom Ellbogen
nach außen geht. Derartige Vorrichtungen, alle nach dem
gleichen Plan entwickelt, finden sich noch bei einigen anderen
baumbewohnenden Säugern, z. B. bei australischen Flugbeuteltieren, in vollendetster Form aber wohl beim Flugmaki
Galeopithecus von den Sundainseln (Abb. 22), der mit unseren Insektenfressern verwandt ist. Bei ihm ist der Fallschirm
vergleichsweise groß einmal dadurch, daß der Arm etwas
länger wurde als das normallange Hinterbein, zum anderen
dadurch, daß auch zwischen Arm und Hals und zwischen
Hinterbeinen und Schwanz Hautfalten ausgebildet wurden. Es
wird berichtet, daß das Tier Entfernungen von über 50 m in
gleitendem Flug zurückzulegen vermag. In der Ruhelage
hängt es an allen Vieren mit dem Rücken nach unten im
Geäst; es klettert auch in dieser Lage umher. Das hat wohl
den Sinn, daß so der zarte Fallschirm am besten geschützt
ist. Die Fledermäuse und Flughunde machen es bekanntlich
ganz ähnlich.

Es ist wissenswert, daß auch bei einigen baumbewohnenden Lurchen und Kriechtieren Einrichtungen geschaffen
wurden, die mit anderen Mitteln das Gleiche erreichen. So
sind bei manchen Flugfröschen der Gattung *Rhacophorus*
(Abb. 22), die in Inselindien leben, sehr große „Schwimmhäute“ an Vorder- und Hinterbeinen ausgebildet, obwohl die
Tiere niemals, auch während der Laichzeit nicht, ins Wasser
gehen. Zusammen mit der Körperunterseite aber bilden die
„Schwimmhäute“ eine beachtliche Fallschirmfläche.

Die vollendetsten Gleitflieger aber scheinen die Flugechsen
der Gattung *Draco* zu sein (Abb. 22), die in einer Reihe von
Arten in Südostasien und Inselindien zu Hause sind. Die
Schönheit der farbenprächtigen Tiere hat die Forschungsreisenden immer wieder entzückt. Sie können beträchtliche
Strecken im zielsicheren schrägen Gleitflug überbrücken.
Beim Landen hängen Hinterleib und Schwanz durch, so daß
das Tier mit dem Kopf nach oben sein Ziel erreicht. Ja, es

kann sogar im Gleiten die Richtung ändern, Hindernisse vermeiden. Der Fallschirm aber ist gebildet durch eine Hautfalte der Flanken, die jedoch die Beine vollkommen frei läßt. Sie ist in der Ruhe zusammengelegt, im Gleitflug gespreizt und bedarf dazu einer Stütze. Die wird gebildet von den fünf oder sechs ersten „falschen", d. h. nicht mit dem Brustbein in Verbindung stehenden Rippen, die außerordentlich verlängert sind und durch Zwischenrippenmuskeln bewegt werden können.

Aktive Bewegung im Luft- und Wasserraum.

Der aktive Flug der Vögel.

Jeder weiß, daß die Mehrzahl der Vögel durch aktive Bewegung der Flügel „fliegt". Die Flügelbewegung ist für den Vogel das, was der sich drehende Propeller für das Flugzeug ist. Wie wird der Motor des Vogels in Betrieb gesetzt und wie wirkt er?

Wir nehmen als Beispiel einen mittelgroßen Vogel, etwa eine Möwe oder eine Krähe. Beim Rudern werden die Flügel ziemlich gerade auf und ab bewegt. Es ist notwendig, daß die bewegten Teile am Körper ein festes Widerlager finden, daß also der Rumpf in sich ein geschlossenes und ziemlich starres Gebilde ist (Abb. 10). Das wird erreicht dadurch, daß die Wirbel im Brustbereich kaum oder gar nicht gegeneinander beweglich sind, ja sogar miteinander verwachsen können. Im Bereich des Beckens schließlich sind alle Wirbel mit dem rückseitigen Beckenknochen, dem Darmbein, zu einem einheitlichen Knochengebilde vereinigt, wodurch vor allem die Beine, die ja den laufenden Vogel allein zu tragen haben, eine feste Stütze im Körper finden.

Die Verbindung zwischen Wirbelsäule und dem breiten Brustbein wird durch die Rippen hergestellt. Diese müssen in sich und gegen die Wirbel beweglich sein, damit zum Atmen der Brustkorb verengert und erweitert werden kann. Gleichwohl ist noch eine gewisse Versteifung des Brustkorbes dadurch erreicht, daß sich jeweils ein nach hinten gestreckter

Fortsatz einer Rippe auf die nächstfolgende darauflegt (Abb. 10).

Am Vorderende des Brustbeines aber ragen wie zwei starke Säulen die „Rabenschnabelbeine" schräg nach vorn auf. Sie tragen an ihrem Ende die Gelenkpfanne für den Oberarm und bilden somit das unmittelbare Widerlager für den Flügel. Von der Schultergelenkpfanne erstreckt sich das schmale Schulterblatt schief nach hinten, von außen auf den Brustkorb heraufgelegt und durch Muskeln und sehnige Bänder mit ihm verbunden. Vom Rabenschnabelbein geht jederseits ein schmales Schlüsselbein nach vorn abwärts; beide sind vorn unten sehr fest zum „Gabelbein" miteinander verwachsen, sie bilden so eine zugleich feste und doch elastische Verbindung zwischen links und rechts.

Der Flügelschlag — beim Segler die gespannte Haltung — wird durch eine Reihe von Muskeln ermöglicht, die vom Rumpf zum Oberarm ziehen. Die größten von ihnen, jederseits je ein Paar, können unsere besondere Aufmerksamkeit beanspruchen. Die beiden Muskeln jeder Seite haben entgegengesetzte Aufgaben, der eine hebt, der andere senkt den Flügel; sie liegen gleichwohl ganz dicht beieinander, ja übereinander, dem breiten Brustbein von außen aufgelagert.

Der Muskel eines Wirbeltieres braucht einen Knochen als Widerlager, von dem er beginnt, und einen zweiten Knochen, an dem seine Sehne endigt; zwischen Ansatz und Endpunkt liegt das Gelenk, das die Bewegung der beiden Knochen gegeneinander ermöglicht. Starke Arbeitsleistung erfordert einen großen Muskel, damit zugleich eine große Ansatzfläche am Knochen. Am Brustbein der allermeisten Vögel wird diese Ansatzfläche für die großen Flugmuskeln durch den knöchernen Brustbeinkamm geschaffen (Abb. 10), der sich senkrecht auf der an sich schon großen Brustbeinfläche erhebt und im allgemeinen um so höher ist, je stärker die Flugmuskeln beansprucht werden. So ist der Brustbeinkiel bei den flugunfähigen Laufvögeln, den Straußen, überhaupt nicht vorhanden. Die Masse der Brustmuskeln ist, wie man vom Gänsebraten her weiß, vergleichsweise außerordentlich groß. Außen liegt der „große Brustmuskel", der die größere

Arbeit zu leisten hat: den Niederschlag des Flügels. Darunter
liegt der „kleine Brustmuskel", der zusammen mit einigen
anderen Muskeln den Aufschlag besorgt. Aus dem uns schon
bekannten Bau des Flügels verstehen wir, warum die Arbeitsleistung beim Aufschlag weniger groß sein darf: der Sog
über dem Flügel hilft wesentlich mit. Beide Muskeln, deren
Fasern parallel zueinander liegen, haben deswegen eine entgegengesetzte Wirkung, weil ihre beiden Sehnen verschieden
am Oberarm ansetzen: die des Senkers an der Unterseite, die
des Hebers an der Oberseite, beide nicht weit vom Schultergelenk.

Die Zusammenballung einer großen Muskelmasse an der
Unterseite des Rumpfes ist noch in anderer Hinsicht be-
deutungsvoll. Die für die Flügelbewegung nun einmal notwendige Muskulatur ist auf diese Weise in die Nähe des
Schwerpunktes verlagert; und das wiederum ist wichtig für
die im freien Luftraum durchaus nicht leichte Einhaltung der
Gleichgewichtslage. Wir kommen später noch darauf zurück.

Die Flügelbewegung ist nun allerdings keine einfache Auf-
und Abbewegung. Aber auch wenn sie das wäre, so muß auf
jeden Fall die Flügelspitze eine stärkere Wucht entwickeln
als die körpernahen Flügelteile; denn sie muß in der gleichen
Zeit einen längeren Weg zurücklegen. Dieser Unterschied
zwischen dem körpernahen und dem körperfernen Flügelteil
wird unterstrichen durch das Handgelenk, das den Flügel
in zwei Teile teilt. Beide Teile bewegen sich nicht nur verschieden schnell, sondern auch mit verschiedenem Anstellwinkel (Abb. 23). Während der Armteil seine Stellung beim
Auf- und Niederschlag kaum ändert, kippt der Handteil beim
Niederschlag nach vorn über, so, wie wenn wir am ausge-
streckten Arm den Daumen abwärts bewegen (Pronation).
Die Folge ist, daß der Handflügel mit seiner Unterfläche
schräg nach hinten zeigt und beim Niederschlag auch nach
hinten wirkt, d. h. Vortrieb erzeugt. Und das ist es, was der
Vogel vor allem braucht, um die durch den Luftwiderstand
bedingte Verminderung der Geschwindigkeit zu vermeiden.
Da der Niederschlag allein etwa nur ein Drittel der Gesamt-
zeit für Auf- und Niederschlag beansprucht, der durch den

Vortrieb zu überwindende Widerstand sich aber stets gleich-
bleibt, muß die beim Niederschlag erzeugte Vortriebskraft etwa
3mal so groß sein wie die gleichzeitige Widerstandskraft.

Beim Aufschlag macht der Handflügel die umgekehrte
Drehbewegung und kehrt so mit geringem Widerstand in
die Ausgangsstellung zurück.
Handflügel und Armflügel
haben sich also gewisser-
maßen in die Aufgaben ge-
teilt: der Armflügel mit seiner gewölbten Flügelfläche
ist der tragende Teil, der
Handflügel aber mit seiner
„Verwindungsbewegung“
und seinem schnellen Schlag
gibt den Vortrieb und entspricht vor allem dem Motor
des Flugzeuges.

Abb. 23. Ente im Flug; oben kurz
vor dem Ende des Niederschlags, die
Verwindung des Handflügels gegenüber
dem Armflügel ist deutlich sichtbar;
unten bei Beginn des Aufschlags, die
Verwindung fehlt.

Aber mit dem einfachen
Dahinfliegen ist es noch nicht
getan. Die unregelmäßigen
Luftbewegungen und das
Ziel, dem der Vogel zu-
steuert, verlangen eine je-
derzeit richtig arbeitende
Steuerung. Nun wohl, die
Bewegungsmöglichkeit des
Vogelflügels in seinen Ge-
lenken ist eine außerordentliche und gar nicht zu vergleichen
mit den wenigen beweglichen Teilen am sonst starren Flugzeugflügel. Dazu kommt noch als Stabilisierungs- und Steuerfläche der bewegliche Schwanz, dessen Fläche in seltenen Fällen,
z. B. beim Albatros, noch durch die nach hinten gestreckten
Beine ergänzt wird. Der Vogel kann nicht nur Flügel- und
Schwanzflächen den Bedürfnissen entsprechend stellen, er kann
auch den Flügelpropeller auf der einen Seite stärker arbeiten
lassen als auf der anderen und so Wendungen vollführen.

Der Vogel braucht aber auch die vielseitigen Bewegungsmöglichkeiten. Denn er bewegt sich im Raum, während wir uns nur auf der Ebene zu bewegen pflegen. Wir brauchen daher eigentlich nur eine Rechts-Links-Steuerung. Der Vogel aber — und mit ihm alle Lebewesen, die sich des Luftraumes oder auch des Wasserraumes bemächtigen — muß außerdem noch die Möglichkeit haben, ein Kippen nach vorn, hinten, links oder rechts durch Steuerung zu verhindern bzw. richtig zu lenken. Das aber ist nicht in erster Linie eine Leistung verschiedenster Muskeln, sondern eine Leistung der Sinnesorgane und des Nervensystems. Wenn der Vogel nicht merkt, daß er umkippt, kann er auch nicht die entsprechenden Gegenmaßnahmen treffen. Als Sinnesorgan, das den Vogel Lage und Bewegung im Raum wahrnehmen läßt, kommt vor allem das Labyrinth, das innere Ohr mit seinen eigentümlichen Einrichtungen in Frage (vgl. Buddenbrock, Die Welt der Sinne, Bd. 19 dieser Sammlung). Aber das vollendetste Sinnesorgan nützt nichts, wenn nicht ein gleich gut ausgebildetes Nervensystem vorhanden ist, das die Sinneserregungen in Empfang nimmt und umschaltet zu Erregungen, die auf anderen Nervenbahnen den richtigen Muskeln zugeleitet werden. Da liegt es nun auf der Hand, daß es bei einem Tier, das sich in allen drei Richtungen des Raumes bewegt, mehr Schaltungsmöglichkeiten geben muß als bei einem Bewohner der Erdoberfläche. So ist es zu verstehen, daß der Teil des Zentralnervensystems, der insbesondere den Zusammenklang der Bewegungen zu lenken hat, das ist bei den Wirbeltieren das Kleinhirn, besonders gut ausgebildet ist. Dasselbe gilt übrigens für die Fische, die sich im Wasserraum zurechtzufinden haben.

Eines aber ist wunderbar: der Vogel braucht das meiste von dem, was er für die Beherrschung der Luft nötig hat, nicht erst kümmerlich zu lernen. Hat der Jungvogel das richtige Alter erreicht, so kann er eben fliegen, bei manchen Arten sofort sehr vollkommen, bei anderen zunächst noch ein wenig stümperhaft; aber schnell ist die Reihenfolge der sehr verwickelten Bewegungen richtig eingefahren. Man kann eine junge Taube an „Flugübungen" hindern und wird doch nach einiger Zeit feststellen, daß sie auf Anhieb genau so gut fliegt wie ihr gleichaltriger Geschwister, der Gelegenheit zum „Üben“ hatte. Die Fähigkeit zum Fliegen ist dem Vogel also angeboren; nicht nur die Flugorgane bekommt er mit, sondern auch die Möglichkeit, sie richtig zu benutzen, ohne daß er dabei, menschlich gesprochen, nachzudenken braucht. Denn auch ein Vogel ohne Großhirn, an das sicherlich wie beim Menschen die Bewußtseinsvorgänge gebunden sind, vermag richtig zu fliegen.

Wir haben den Vogel im Flug recht ausführlich besprochen, weil er, einem jeden von uns bekannt, in seinem Körperbau eine Fülle von vollendeten Anpassungen an die Bewegung in der Luft zeigt. Er ist geradezu ein Musterbeispiel für das, was uns in diesem Büchlein besonders beschäftigen soll: für den Zusammenklang zwischen Bau und Leistung eines Organes. Und doch waren die Verhältnisse bewußt vereinfacht dargestellt. Wir haben nur den Ruderflug eines Vogels etwa von der Art der Möwe besprochen. Aber weder ist die Bewegungsweise einer Vogelart noch erst recht die verschiedener Arten immer die gleiche.

Besondere Anforderungen stellt an den Vogel, wie schon erwähnt, das Starten und Landen. Beim Starten kommt es darauf an, möglichst schnell die notwendige Fluggeschwindigkeit zu erreichen. Vom erhöhten Standpunkt aus braucht sich der Vogel nur fallen zu lassen; vom Boden weg aber muß ein kräftiges Abstoßen mit den Beinen zusammen mit heftigen Flügelschlägen helfen. Nicht selten müssen insbesondere größere Vögel einen kräftigen Anlauf nehmen, um Geschwindigkeit zu gewinnen.

Beim Landen dagegen muß gebremst werden (Abb. 24). Der Anstellwinkel wird vergrößert; auf die Rolle des Hilfsflügels dabei haben wir schon hingewiesen. Der Vogel läßt den Körper hinten durchhängen; er erreicht das durch weites Vorführen der Flügel, so daß der Schwerpunkt des Körpers hinter der Achse liegt, an der der Vogel mit seinen Flügeln gewissermaßen aufgehängt ist. Auch die Schwanzfläche wird in Bremsstellung gebracht. Die Beine aber, im Flug an den Leib gezogen oder nach hinten gestreckt, werden vorgeführt, den Körper aufzufangen.

Wenn zwei das Gleiche tun, so ist es nicht das Gleiche. Ein kleiner Singvogel fliegt anders als ein großer Raubvogel oder eine Krähe. Ein Habicht oder Falke, der mit dem kräftigen, fördernden Schlag seiner spitzen, auf Schnellflug eingerichteten Flügel daherkommt, fliegt anders als der träge Bussard, der gerne im Segelflug kreist. Manche mittelgroßen Vögel (z. B. Turmfalk) können sich mit schnellen Flügelschlägen so gegen den Wind stellen, daß sie am Ort bleiben: Rüttelflug. Von diesem Rüttelflug, bei dem der Wind eine wichtige Rolle spielt, ist wohl zu unterscheiden der Schwirrflug mancher Kleinvögel, insbesondere der Kolibris. Diese vermögen unabhängig vom Wind durch sehr rasche Flügelschläge z. B. vor einer Blüte,

Abb. 24. Möwe, landend. Flügel weit vorgehoben, Körper hinten durchhängend, Schwanzfächer gespreizt, Füße vorgehalten.

aus der sie den Nektar saugen, still in der Luft zu stehen. Dabei vollführt der Kolibri in der Sekunde etwa 30, eine ganz kleine Art sogar etwa 50 Flügelschläge. Es ist begreiflich, daß bei diesen Leistungen gerade bei so kleinen Vögeln die Flugmuskeln besonders groß sind. Die kleinen Vögel haben sich überhaupt gewisse Flugeigentümlichkeiten angewöhnt. Ihr Flug ist nur selten stetig, sondern meist hüpfend. Das heißt, nach einer Reihe sehr schneller Flügelschläge, die den Vogel aufwärts-vorwärts bringen, schießt er wie ein Bolzen mit angelegten Flügeln dahin, wobei natürlich Höhe verloren geht, bis erneut der Flügelschlag einsetzt.

Die Fülle der Flugarten ist außerordentlich groß. Es gibt

gute und schlechte Flieger, Schnellflieger, Segelflieger, Ruderflieger, Flatterflieger, Schwirrflieger. Ebenso mannigfaltig aber ist der Bau der Flugorgane. Es hat sich eine eigene Wissenschaft gebildet, die aus der Flügelform, aus der Gestalt der Flügelfläche, aus den Längenverhältnissen

Abb. 25. Flugkeil ziehender Wildgänse.

der Flügelteile zueinander Beziehungen zum Flugvermögen findet. Wir können indessen dies hier nur andeuten.

Bisher hatten wir mit dem fliegenden Einzelvogel zu tun. Aber jeder weiß, daß manche Vögel gerne in Verbänden fliegen. Alle Übergänge von kleinen Gruppen zu riesigen Scharen sind zu finden. Meistens verhält sich das Einzeltier flugtechnisch dabei so, als wenn es für sich fliegt. Rätselhaft allerdings bleibt die Erscheinung, die man nicht selten an Staren- oder Kiebitzscharen beobachten kann: daß die ganze Schar wie auf Befehl blitzschnell und anscheinend gleichzeitig eine Wendung vollführt. Wie kommt diese Gleichzeitigkeit zustande? Ist sie irgendwie flugtechnisch bedingt? Diese Frage ist noch nicht gelöst.

Aber es gibt einen sehr auffälligen und regelmäßig geordneten Flugverband: die Form des Keiles oder der schräg gestaffelten Linie bei manchen größeren Vögeln, die in ruhigem Ruderflug dahinziehen (Abb. 25). Wenn man einen Flugkeil etwa von Wildgänsen längere Zeit beobachtet, so wird man vielleicht feststellen, daß nicht immer der gleiche Vogel die Spitze einnimmt; er wird regelmäßig abgelöst. Des Rätsels Lösung aber ist verblüffend. Jeder Flügelschlag befördert Luft nach hinten. Aus dieser Luftbewegung ziehen die links und rechts hinter dem Spitzenvogel ziehenden Tiere Nutzen, der eine für seinen rechten, der andere für seinen linken Flügel; sie haben es also flugtechnisch ein wenig leichter, ebenso wieder ihre Nachbarn links bzw. rechts hinten. Die Keilformation gestattet also bestmögliche Ausnützung der entstehenden Luftströmungen. Am schwersten aber hat es das Spitzentier. Das Nachrücken eines frischen Tieres an seine Stelle ist also durchaus sinnvoll für die ganze Gesellschaft.

Fliegende Kriech- und Säugetiere.

Die Vögel treten uns unter den heute lebenden Wirbeltieren recht eigentlich als die Eroberer der Luft entgegen. Das war indessen im Lauf der Erdgeschichte nicht immer so. Als die Vögel sich im Erdmittelalter über die Stufe des kümmerlich flatternden Urvogels *Archaeopteryx* hinweg aus den Kriechtieren entwickelten, waren es gerade die Kriechtiere, die die Erdoberfläche beherrschten. Sie treten uns als Versteinerungen in einer erstaunlichen Fülle von Formen entgegen, viel mannigfaltiger als heute. Die Mehrzahl der Formen starb weiterhin aus; sie wurden im Lauf der Jahrmillionen abgelöst durch die Säugetiere und Vögel, die heute der Wirbeltierwelt das Gepräge geben.

Aber im Erdmittelalter eroberten die Kriechtiere nicht nur die Erdoberfläche, sondern auch den Luft- und Wasserraum in verschiedensten Anpassungsformen. Als dann im Tertiär die Säugetiere in den Vordergrund traten, haben sich auch diese den Vorstoß in Luft und Wasser nicht versagt. So finden wir heute die Robben und Wale als Beherrscher der Meere; die Flattertiere aber, die Flughunde und Fledermäuse, lernten das Fliegen.

Es ist reizvoll, die Fluganpassungen der Kriechtiere — der Flugsaurier — mit denen der Flattertiere unter den Säugern zu vergleichen. Wir müssen uns

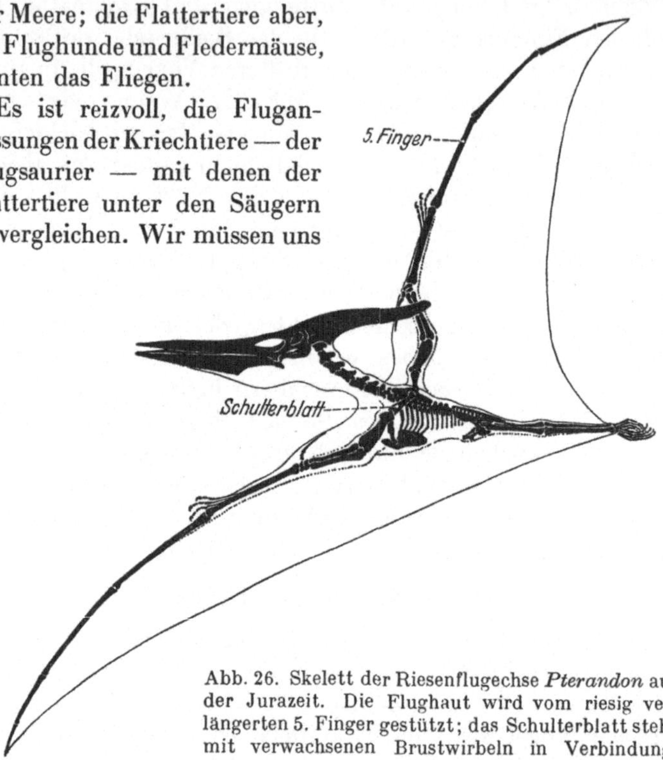

Abb. 26. Skelett der Riesenflugechse *Pterandon* aus der Jurazeit. Die Flughaut wird vom riesig verlängerten 5. Finger gestützt; das Schulterblatt steht mit verwachsenen Brustwirbeln in Verbindung.

dabei auf den Skelettbau beschränken, da an den Versteinerungen kaum etwas anderes übriggeblieben ist.

Beide bilden die Flügelfläche durch eine zarte Flughaut, die an den Körperflanken als einheitliche faltbare Fläche entspringt und die im Flug gespannt gehalten wird durch verlängerte Teile des Armskeletts. Die Abbildungen (26 und 27) zeigen, daß das gleiche Ziel bei beiden auf etwas verschiedene Weise und ganz anders als bei den mit Schwungfedern versehenen Vögeln erreicht wird. Eins allerdings haben sie mit

den Vögeln gemeinsam: Es wird versucht, den Brustkorb zu
versteifen und den Arm zwar gelenkig, aber doch stabil am
Rumpf zu verankern. Ein Musterbeispiel hierfür ist die Be-
festigung des Schultergürtels bei dem Riesenflugsaurier
Pteranodon, dessen Spannweite bis zu 8 m betrug. Die Brust-

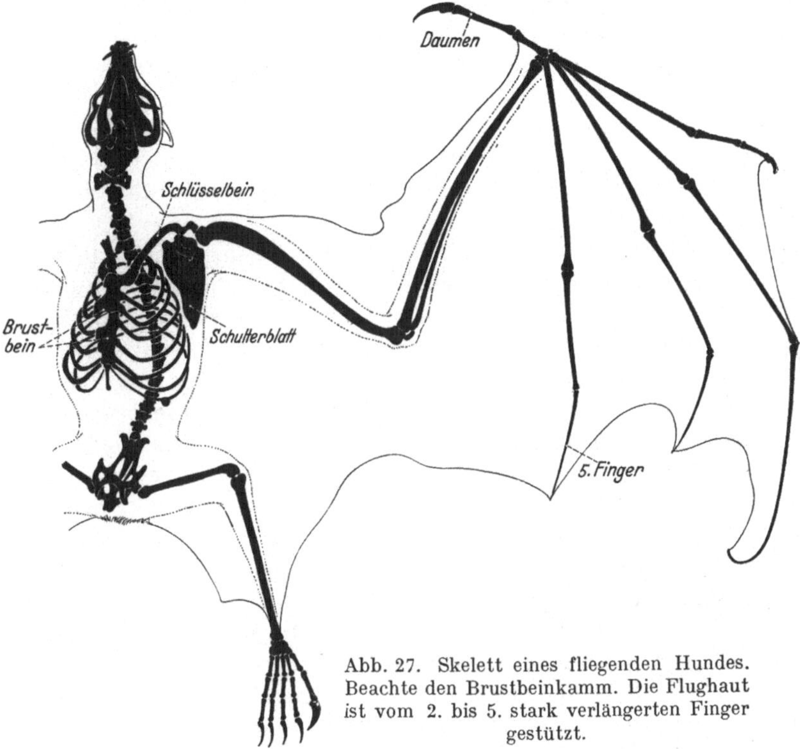

Abb. 27. Skelett eines fliegenden Hundes.
Beachte den Brustbeinkamm. Die Flughaut
ist vom 2. bis 5. stark verlängerten Finger
gestützt.

wirbel sind weitgehend miteinander verwachsen, und das
Schulterblatt, das sonst bei den Wirbeltieren stets beweglich
außen rückwärts auf dem Brustkorb liegt, ist mit der Wirbelsäule gelenkig verbunden. Der Schultergürtel stützt sich also
ganz nach Art des Beckens auf die Wirbelsäule.

Auch bei den fliegenden Säugetieren wird das Widerlager
für die Flügel möglichst fest gemacht. Der Brustkorb erfährt
besonders an seinem Vorderende eine Versteifung, die bei

verschiedenen Arten verschieden weit durchgebildet wird. Dabei verschmelzen im am weitesten durchgeführten Fall der letzte Hals- und die ersten beiden Brustwirbel miteinander und mit den ersten beiden Rippen, diese wiederum mit dem Sternum, so daß vorn am Brustkorb ein fester Knochenring gebildet wird, an dem sich der Schultergürtel anlegt. Am Schultergürtel der Säuger sind die Versteifungsmöglichkeiten indessen nicht so groß wie bei Kriechtieren und Vögeln; denn bei allen Säugern ist das Rabenschnabelbein zu einem kurzen Fortsatz am Schulterblatt rückgebildet. Als Ersatz dafür ist bei den Fledermäusen das Schlüsselbein besonders stark geworden und legt sich fest an Schulterblatt und Brustbein an.

Wie bei den Vögeln werden die Flügel vor allem durch die Brustmuskeln in Bewegung gesetzt. Für die Flugsaurier dürfen wir das Gleiche aus einer gewissen Vergrößerung der Brustbeinfläche schließen. Bei den Fledermäusen leistet der große Brustmuskel die Hauptflugarbeit: den Niederschlag. Er ist zwar nicht so außerordentlich entwickelt wie bei den Vögeln, aber doch drei- bis viermal so stark als bei den nichtfliegenden Säugern. Für ihn wird eine entsprechende Ansatzfläche geschaffen auf einem vergleichsweise breiten Brustbein. Ja, es entsteht sogar ein mehr oder weniger gut ausgebildeter Brustbeinkamm, der freilich nie die Ausmaße wie bei den Vögeln erhält.

Im Gegensatz zum Vogelflügel besitzt der Flugsaurier- und Fledermausflügel verhältnismäßig sehr lange und dünne Knochen als Flughautstützen. Von manchen großen Flugsauriern (*Pteranodon*) dürfen wir zwar annehmen, daß sie nicht so sehr Flatterflieger als Segelflieger waren, daß sie also vor 120—150 Millionen Jahren gewissermaßen die Stellvertreter der heutigen Albatrosse waren. Aber keine unserer Fledermäuse ist zu einem richtigen Segelflug befähigt. Sie sind wohl vor allem zu klein und zu leicht dafür. Wohl aber kann man unter ihnen bessere und schlechtere Flieger unterscheiden, von denen die ersteren durch längere und schmälere Flügel ausgezeichnet sind. Man kann unsere einheimischen Fledermäuse danach in einer Reihe ordnen; am

Anfang steht als bester Flieger der Abendsegler *(Nyctalus noctula)*, am Ende als schlechtester Flieger das Langohr *(Plecotes auritus)*. Durch Beringungsversuche der gleichen Art, wie man es von den Vögeln her kennt, hat man feststellen können, daß manche Fledermäuse im Herbst lange Reisen zu bestimmten Winterquartieren unternehmen und im Frühling in die Heimat zurückkehren. Gerade für den gut fliegenden Abendsegler hat man bisher den weitesten Wanderweg gefunden; in einem Fall flog ein Tier im Frühling von Dresden bis Litauen, das sind etwa 750 km. Das ist immerhin eine beachtliche Leistung.

Bei jedem Flügelschlag werden die langen dünnen Knochen des Fledermausflügels erheblich beansprucht. In erster Linie auf ihre Biegungsfestigkeit, daneben auch noch auf ihre Verwindungsfähigkeit. Wenn der Flügel nach unten geschlagen wird, wird die Drehkraft, die den Flügel nach vorn drehen möchte, vor allem am

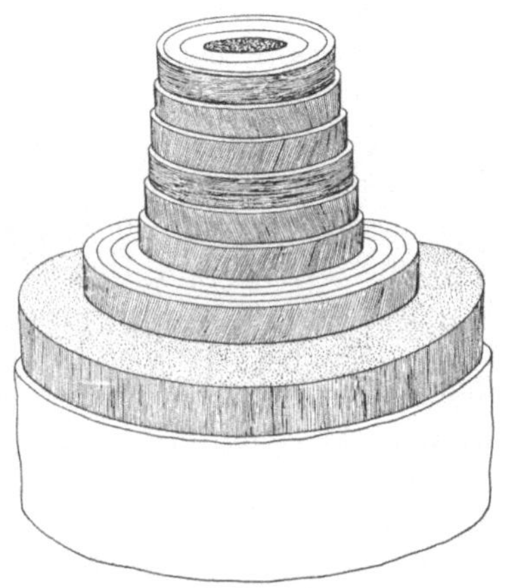

Abb. 28. Aufbau eines Röhrenknochens aus der Fledermaushand, den verschiedenen Verlauf der Fasern in den verschiedenen Schichten zeigend; in der Mitte der Markraum.

Vorderrand, das heißt an der langen dünnen Speiche des Unterarmes, angreifen. Jeder der langen Knochen hat einen Bau, der in hervorragender Weise auf die Art der mechanischen Beanspruchung abgestellt ist (Abb. 28).

Es handelt sich um Röhrenknochen, die aber nicht wie bei den Vögeln mit Luft, sondern mit Mark gefüllt sind. Die Knochensubstanz weist einen verwickelten Schichtenbau auf. Es sind zwei Hauptschichten zu unterscheiden, eine innere und eine äußere. In der äußeren Schicht verlaufen die zugfesten Fibrillen, die die organische, mit Kalksalzen durchsetzte Grundmasse ausmachen, längs. Die Innenschicht aber ist verwickelter gebaut. Sie besteht aus Dreiergruppen von

Schichten. In der einen Schicht verlaufen die Fasern zirkulär, in den nächsten beiden sind sie in steiler Windung gewickelt, aber in der einen rechts herum, in der andern links herum; ganz ähnlich wie wir es bei manchen Wickelungen elektrischer Kabel kennen. Wenn Biegungskräfte auf die Knochenröhre einwirken, so werden die außenliegenden Längsfasern Widerstand leisten; findet aber eine Verwindung des Knochens in seiner Längsachse statt, so werden diejenigen steilgewickelten Faserzüge Widerstand leisten, die gerade in der Richtung der Drehkräfte liegen.

Die Fläche des Vogelflügels besteht aus verhornten, also toten Anhangsgebilden der Haut, der Fledermausflügel aber aus der außerordentlich zarten, reich durchbluteten Körperhaut, die mit feinen Haaren besetzt ist. Der Fledermausflügel ist also ein weit empfindlicheres Gebilde als der Vogelflügel. Damit hängt sicherlich die eigentümliche Ruhelage der Flattertiere zusammen, die sich kopfunter an den scharfen Krallen der Hinterbeine aufhängen und nur zum Klettern die Daumenkrallen zu Hilfe nehmen. In der Hängelage ist die zarte Flughaut am besten untergebracht.

Der Besitz dieser Flughaut aber gibt den Fledermäusen ein Vermögen, das den Vögeln fehlt. Die Säugetierhaut ist der Sitz verschiedenster Sinnesorgane, unter ihnen auch zahlreicher Tastorgane. Diese stehen gern am Grunde von Haaren und werden durch das Abbiegen des Haares erregt. Denn durch die Bewegung der Haarwurzel in der Haut entstehen leichte Zerrungen, auf die die empfindlichen Sinnesorgane ansprechen. Jeder kann sich durch Berühren eines einzelnen Haares auf dem Handrücken davon überzeugen.

Besonders reich sind die Fledermäuse mit solchen Organen ausgestattet; sie sitzen gerade gern an den feinen Häuten, wie den Flughäuten und den manchmal sehr großen Ohrmuscheln. Ihr Besitz setzt die Fledermäuse in den Stand, auch im Dunkeln das Anstoßen an Hindernissen zu vermeiden. Man sieht sie häufig in tiefer Dämmerung zwischen den Kronen der Bäume jagen, ohne anzustoßen. Noch deutlicher zeigt das der berühmte Versuch von Spalanzani aus dem 18. Jahrhundert, der geblendete Fledermäuse in einem mit Fäden durchzogenen Zimmer fliegen ließ und feststellte, daß sie geschickt die Fäden zu meiden wissen. Diese Beobachtung wurde in neuerer Zeit des öfteren bestätigt. Zugleich aber zeigte sich, daß dies feine Tastvermögen seine Grenzen hat. Nimmt man Fäden, die dünner sind als etwa 1 mm, so stoßen die Tiere oft an; je dicker die Hindernisse, desto sicherer werden sie vermieden. Wir müssen uns vorstellen, daß die bewegte Luft an den Hindernissen gleichsam zurückgeworfen wird, die Sinneshaare ein wenig abbiegt und so die äußerst empfindlichen Sinnesorgane erregt. Auch jedes Beuteinsekt ist, so dürfen wir wohl annehmen, so ein „Hindernis‟, dessen Standort schon auf eine gewisse Entfernung ertastet wird. Neben dem Gehör wird also dies „Ferntastvermögen‟ eine wichtige Hilfe beim Beuteerwerb sein. Eine ähnliche Fähigkeit, aber auf Grund anderer Sinnesorgane, wird uns bei den Fischen begegnen.

Insekten.

Man kann sich fragen, ob wir heute, erdgeschichtlich gesehen, im Zeitalter der Säugetiere oder der Insekten leben, so wie im Erdmittelalter einmal die hohe Zeit der Kriechtiere war. Jedenfalls übertreffen heute die Insekten an Formenfülle bei weitem alle übrigen Tierstämme zusammengenommen. Dabei haben sie eine sehr lange Geschichte hinter sich. Denn schon aus den Schichten der Steinkohle (vor etwa 250 Millionen Jahren) sind uns wohlausgebildete Insekten bekannt. Eine Formenfülle, die der heutigen ähnlich ist, findet sich freilich erst im Tertiär. Im Bernstein, dem erhärteten Harz tertiärer Nadelbäume, sind uns Tausende von Arten in wunderbarer Klarheit erhalten geblieben.

Auch die Insektenflügel sind, ähnlich wie die Fledermausflügel, seitliche Ausstülpungen der Haut. Die meisten Insekten haben zwei Paar Flügel, und zwar an den beiden hinteren Abschnitten der dreiteiligen Brust. Bei den ältesten Insekten aus der Steinkohlenzeit scheint daneben auch der vorderste Brustabschnitt stummelförmige Flügel getragen zu haben.

Die Haut der Insekten ist gekennzeichnet durch einen har-

ten Chitinpanzer, der von den darunterliegenden lebendigen
Zellen abgesondert wird. Da die Flügel flächenhafte Ausstülpungen der Haut sind, bestehen sie aus einer Doppellage
dünnen Chitins. Gegen die beträchtliche mechanische Beanspruchung beim Flug aber sind die Flächen versteift
durch verdickte Rippen, die sogenannten „Adern“ (Abb. 29,
32, 33, 34, 35), die wohl jeder schon einmal am durchsich-

Abb. 29. Flügel einer Feldheuschrecke mit reichem Geäder.

tigen Flügel einer Biene oder einer Fliege beobachtet hat.
Diese Versteifung ist besonders stark am Vorderrand des
Vorderflügels, also ganz ähnlich wie beim Vogelflügel.

Wie fliegt das Insekt? Der Vergleich mit dem Vogelflug
liegt nahe, läßt sich aber nur schwer durchführen. Nur wenige Insekten, z. B. größere Tagschmetterlinge, haben einen
Flug, den man als Flatterflug mit vergleichsweise langsam
bewegten Flügeln bezeichnen könnte; es können sogar kurze
Gleitflugstrecken eingelegt werden. Das geringe Körpergewicht und die Kleinheit der Insekten aber verbot die Ausbildung eines typischen Segelflugs vollends. Die meisten Insekten haben einen sehr raschen, schwirrenden Flügelschlag.
So macht die Biene etwa 190, die Mücke etwa 300 Flügel-

54

schläge in der Sekunde. Dabei vollführt die Flügelfläche eine recht verwickelte Bewegung (Abb. 3o, 31). Hält man das Insekt fest, so beschreibt die Flügelspitze eine schief liegende Acht, also eine andere Kurve als für gewöhnlich die Flügelspitze eines Vogels. Zugleich steht die Flügelfläche beim Aufschlag etwas anders als beim Niederschlag, wie wir es beim Handfittich des Vogelflügels auch kennengelernt haben. Der Insektenflug läßt sich wohl noch am besten mit dem Flug des Kolibris vergleichen.

Die Flugleistungen aber, die manche Insekten vollbringen, sind vor allem, was die Steuerung angeht, ganz erstaunliche. Die Fähigkeit, am Ort zu fliegen, die wir bei den Vögeln nur selten finden, ist bei Insekten weitverbreitet; es ist leicht, sie bei tanzenden Stubenfliegen, besser noch im Freien an den bunten, wespenartig gezeichneten Schwebfliegen zu beobachten. Diese können sogar seitwärts fliegen, was wohl kein Vogel fertigbringt. Die gewandtesten Flieger unter den Insekten aber sind die Libellen. In reißendem Fluge schießen sie über die Wasseroberfläche dahin, jagen in plötzlichen scharfen Wendungen einem Insekt nach, stehen im nächsten Augenblick wie angenagelt in der Luft und können sogar rückwärts fliegen. Sie sind allerdings auch zu besonders mannigfaltigen Flügelbewegungen befähigt. Denn wohl als die einzigen Insekten vermögen sie ihre beiden Flügelpaare unabhängig voneinander zu bewegen. Bei den meisten Insekten dagegen ist das eine, und zwar das vordere, Flügel-

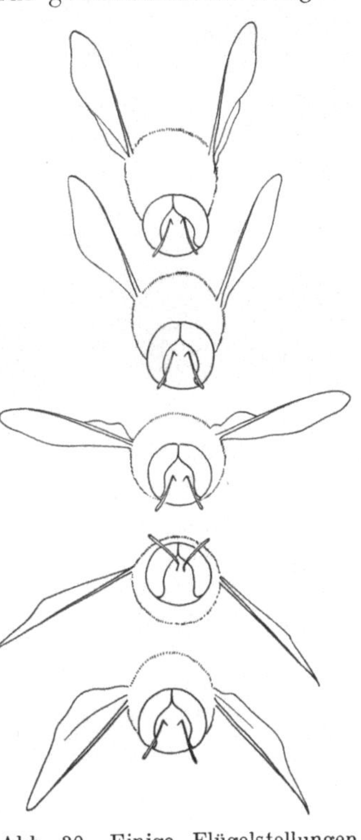

Abb. 30. Einige Flügelstellungen einer männlichen Biene; beachte die verschiedene Stellung der Flügelfläche.

paar führend und nimmt das andere mit. Die Hinterflügel sind dann nicht selten durch besondere Bindevorrichtungen mit den Vorderflügeln verankert. Bei Bienen und Wespen (Abb. 32) greift eine Anzahl feiner Häkchen in eine Falte des Vorderflügelhinterrandes; bei Blattwanzen (Abb. 33) ist eine druckknopfartige Vorrichtung da, die immer dann einschnappt, wenn das Tier seine Flügel zum Flug lüftet.

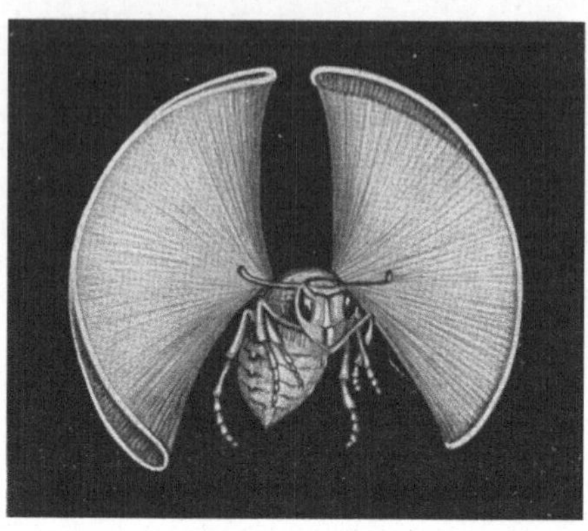

Abb. 31. Flügelbahn einer fliegenden Wespe; die Flügelspitzen beschreiben eine lang-gestreckte Acht.

Es ist begreiflich, daß das bevorzugte Flügelpaar größer wird als das mitgeschleppte. Die Vorderflügel der Biene sind weit größer als die Hinterflügel. Bei einer großen Insektenordnung,

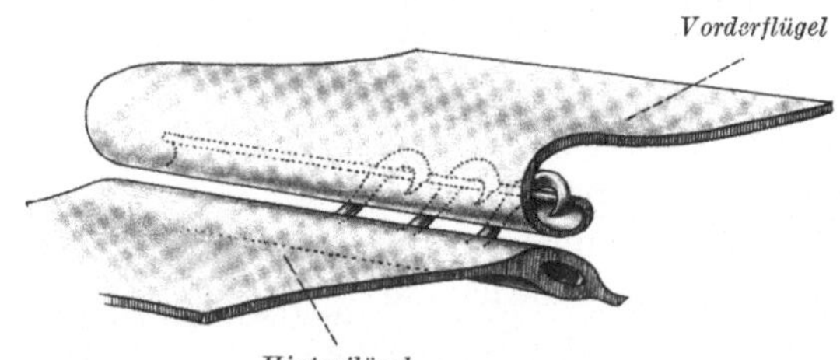

Abb. 32. Oben: rechte Flügel einer Biene, die Häkchen am Vorderrand des Hinterflügels übertrieben groß gezeichnet. Unten: ein Stück der Bindevorrichtung vergrößert, gesehen von der Flügeloberseite; die aufwärts gebogenen Häkchen des Hinterflügels greifen hinter den nach unten umgeschlagenen Hinterrand des Vorderflügels.

den Fliegen und Mücken, sind von den Hinterflügeln sogar nur winzige, kolbenförmige Gebilde übriggeblieben, die sogenannten Schwingkölbchen (Abb. 34). Diese sind allerdings keineswegs

56

belanglos für das Fliegen. Sie schwingen im gleichen Rhythmus wie die Vorderflügel. Da sie mit zahlreichen Sinnesorganen besetzt sind, entstehen Erregungen, die den Flugmuskeln zugeleitet wer-

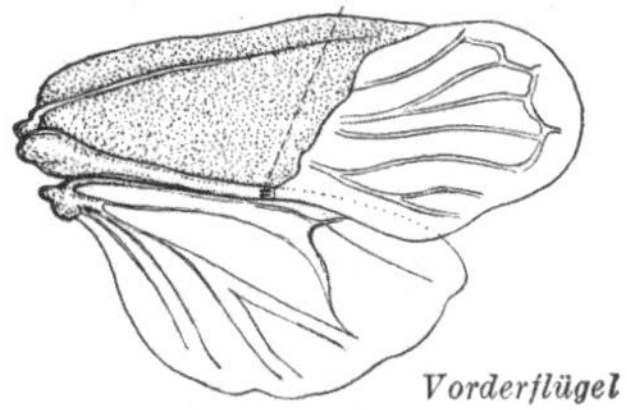

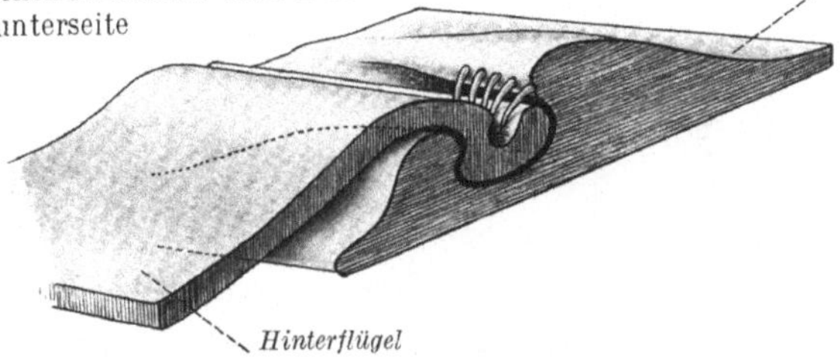

Abb. 33. Oben: die rechten Flügel einer Blattwanze; der Doppelstrich in der Mitte des Vorderflügelhinterrandes bezeichnet die Lage der Bindevorrichtung auf der Flügelunterseite. Unten: halb durchgeschnittene Bindevorrichtung, gesehen von der Flügelunterseite. Der wulstig verdickte Hinterflügelvorderrand ist eingekeilt zwischen zwei kurze Wülste auf der Vorderflügelunterseite und wird hier durch kurze starre Borsten festgehalten. Bei zusammengelegten Flügeln ist die Bindung gelöst.

den und diese erst in den richtigen arbeitsfähigen Spannungszustand versetzen (vgl. Buddenbrock, Bd. 19 dieser Sammlung).

Bei anderen Insektengruppen liegt die Hauptarbeitslast mehr auf den Hinterflügeln. Schon bei niedrigstehenden Insekten, wie Heuschrecken (Abb. 29), fällt auf, daß die Vorderflügel nicht nur kleiner, sondern vor allem auch härter und dicker als die Hinterflügel sind, die in der Ruhe wohlverwahrt

Abb. 34. Schnake als Beispiel eines Zweiflüglers. Die Hinterflügel sind zu kurzen, keulenförmigen Schwingkölbchen geworden (besonders rechts gut sichtbar).

unter den Vorderflügeln liegen. Aber immerhin sind die Vorderflügel noch am Fliegen beteiligt. Bei einer großen Insektenordnung, den Käfern, aber ist die Aufgabe der Vorderflügel ausschließlich auf den Schutz der Hinterflügel beschränkt; sie sind zu harten Flügeldecken geworden. Unter ihnen liegen in der Ruhe, oft in verwickelter Weise gefaltet, die dünnhäutigen Hinterflügel (Abb. 35). Dieses Einfalten wird um so schwieriger, je kürzer die Flügeldecken sind. Denn nicht bei allen Käfern bedecken die Flügeldecken den ganzen Hinterleib; bei den sogenannten Kurzflüglern und übrigens auch bei dem Ohrwurm sind sie nur ganz kleine Schüppchen. Unter ihnen liegen die normal großen Hinterflügel, wie Fallschirme in bestimmter Weise zusammengefaltet. Entfaltung und Faltung aber geschieht selbsttätig beim Aufrichten bzw. Niederlegen der Flügel, beim Ohrwurm noch unterstützt durch die Zangen am Hinterleib.

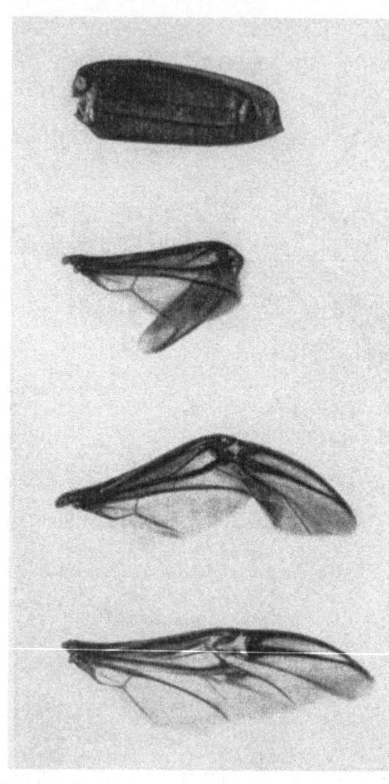

Abb. 35. Maikäferflügel. Oben eine Flügeldecke, darunter der Flugflügel in 3 Stadien der Entfaltung.

Von ganz anderer Art als bei Wirbeltieren und in vieler Hinsicht merkwürdig ist es, wie die Flügelbewegung der Insekten zustande kommt. Ansatzpunkt für die Muskeln ist der Chitinpanzer, der zugleich als schützende Haut den Körper umhüllt. Alle weichen Organe, auch die Muskeln, liegen im Innern dieses Panzers, während bei den Wirbeltieren die Muskeln sich von außen an das Knochengerüst ansetzen. Schneiden wir also die Brust eines Insekts auf (Abb. 36), so sehen wir im Innern die mächtigen Flugmuskeln. Aber nur

58

bei wenigen Insekten, z. B. den Libellen, greifen diese Muskeln unmittelbar am Grunde der gelenkig mit der Brust verbundenen Flügel an. Bei der Mehrzahl der Formen werden

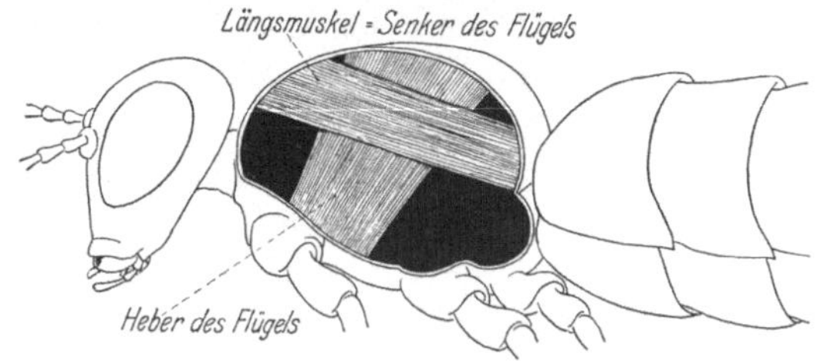

Abb. 36. Blick in die aufgeschnittene Brust eines Insekts mit den Flugmuskeln der rechten Seite.

durch die Flugmuskeln unmittelbar bestimmte andere Teile der Brust bewegt; die Flügel werden nur passiv mitgenommen (Abb. 38). Bei vielen Insekten sind die Teile der Brust weitgehend miteinander verwachsen; es entsteht ein Bauch-

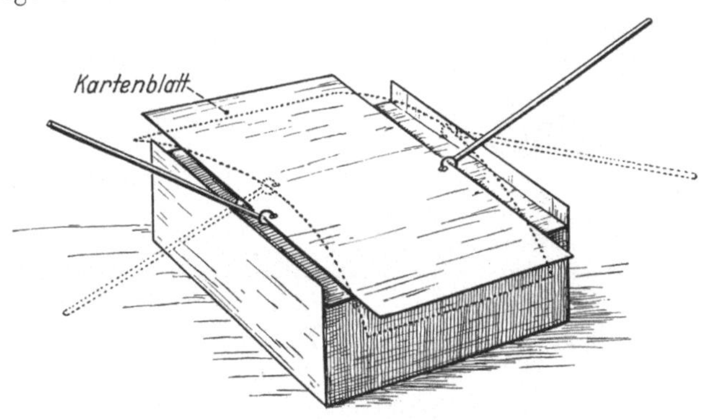

Abb. 37. Modell zur Flügelbewegung eines Insekts. Bei der Wölbung des Kartenblattes (= Rückenteil der Brust) über dem Kasten (= Brust) werden die Stäbchen (= Flügel) nach unten bewegt.

teil und ein gewölbter Rückenteil. An den Seiten des Rückenteiles sind die Flügel gelenkig eingesetzt. Durch Längsmuskelbündel kann der Rückenteil stärker gewölbt werden. Wie bei einem gebogenen Kartenblatt (Abb. 37) wird der Seitenrand des Rückenschildes gehoben, er nimmt die Flügelbasis mit: der Flügel wird gesenkt. Durch andere Muskel-

bündel, die vom Bauchschild zum Rückenschild laufen, wird
dagegen das Rückenschild abgeflacht, sein Seitenrand wird
gesenkt, die Flügelfläche dagegen gehoben.

Im Grunde genommen sind die Vorgänge bei der Bewegung der Flügel also ganz einfache. Daß trotzdem die Bewegungsform, wie das Steuerungsvermögen voraussetzt, sehr
verwickelt werden kann, hat verschiedene Gründe. Außer
den Hauptflugmuskeln gibt es viele kleine Muskeln, die an der Flügelbasis selber angreifen und die Flügelstellung ändern können; das Flügelgelenk hat meistens auch einen sehr verwickelten Bau. Dazu kommt die regelnde Aufgabe des Nervensystems. Erst das Zusammenwirken aller Teile ergibt das jeweilige Flugbild.

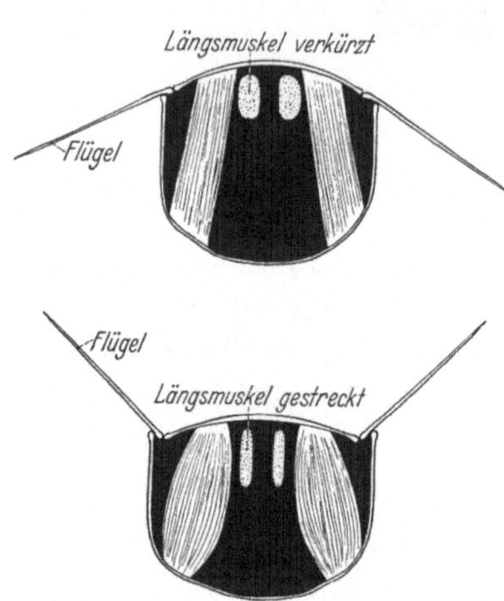

Abb. 38. Vereinfachte Querschnitte durch die Brust eines Insekts, die verschiedene Wirkung der indirekten Flugmuskeln zeigend.

Die Schwimmer.

Viele kennen wohl die kleinen, 2—3 mm langen Flohkrebse (Abb. 39), die
oft in unzähligen Scharen unsere Teiche und Seen bevölkern.
Sie haben ihren Namen von der hüpfenden Bewegung, die
durch den Schlag der verästelten und mit feinen Härchen besetzten beiden Ruderfühler zustande kommt. Jeder Niederschlag führt den Körper aufwärts, je nach der Schlagrichtung
gerade, schief nach vorn oder hinten; aber auf jeden Schlag
folgt ein Absinken des schweren Körpers. So richtet es sich
ganz nach der Schnelligkeit und Ausgiebigkeit der Ruderschläge, ob das Tier gerade nur das Absinken verhindert oder
auch vorwärts und aufwärts kommt. Auf jeden Fall aber kann
es sich nur durch ständiges Rudern im Wasserraum halten und
muß sich zum Ausruhen auf den Grund legen. Das tun auch

manche Arten, die sich in Ufernähe zwischen dem üppigen Pflanzenwuchs herumtreiben. Andere Arten aber sind in den größeren Seen ständige Bewohner des freien Wassers, und manche von ihnen zeichnen sich gegenüber den plumperen Uferformen durch eine viel elegantere Gestalt aus (Abb. 40). Der Körper ist seitlich stark zusammengedrückt, langgestreckt mit schräg gelagerter Längsachse, die Schlagrichtung so, daß sie in langen Sätzen schief nach vorn oben durchs Wasser schießen. Auch das spezifische Gewicht dieser Freiwasserbewohner ist geringer als das ihrer ufer-

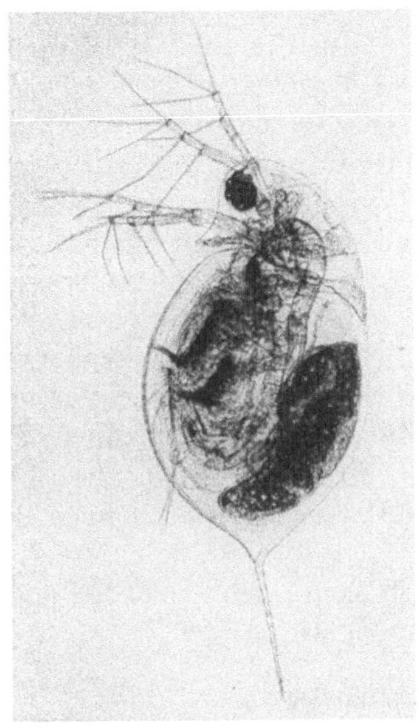

Abb. 39. Der Flohkrebs (*Daphnia*) schwimmt durch den Schlag seiner Ruderfühler hüpfend durchs Wasser.

bewohnenden Verwandten, bleibt aber immer noch höher als das des Wassers. Auch sie müssen noch sozusagen um ihr Leben schwimmen. Das gilt für alle Süß- und Meerwasserbewohner, soweit sie sich nicht einfach von Strömungen treiben lassen, oder soweit sie nicht nach dem

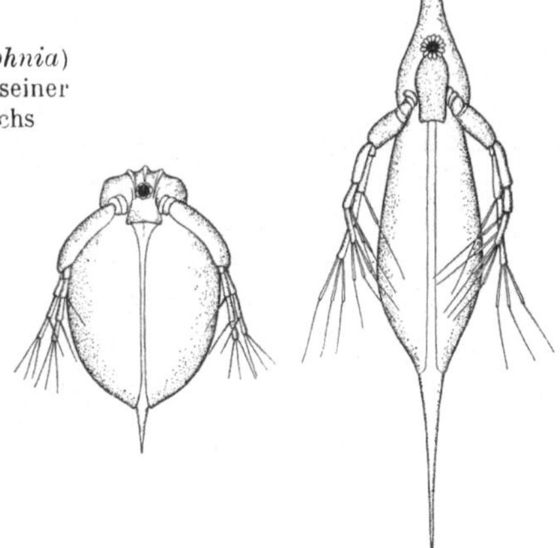

Abb. 40. Links ein plump gebauter Flohkrebs aus dem Uferbereich eines Sees, rechts eine schlanke Schwimmerform aus dem Bereich des freien Wasserraumes.

61

Ballonverfahren die Fähigkeit zum echten „Schweben" erlangt haben.

Vergleichen wir die Flieger mit den Schwimmern, so ist klar, daß alle Wasserbewohner wegen des geringeren Übergewichts weniger Arbeit gegen das Absinken zu leisten haben als die Luftbewohner; dabei haben es die Meeresbewohner wieder etwas leichter als die im Süßwasser, da Salzwasser schwerer ist als Süßwasser. Der Vorteil des geringeren Übergewichtes wird allerdings zum Teil wieder ausgeglichen durch den stärkeren Widerstand, den das dichtere Element Wasser der Bewegung entgegensetzt. So schnelle Bewegungen wie in der Luft sind also nicht möglich. Die Eigenart der Bewegung im Wasser hat aber bei den Schwimmern zu einer Vielzahl hervorragender Anpassungen geführt, auf die wir näher eingehen wollen. Gegenüber der Mannigfaltigkeit der Bewegungsformen und -organe bei Wassertieren erscheinen die Flugformen fast eintönig.

Eine große Gruppe von Bewegungsformen, zu denen auch die der Wasserflöhe gehört, können wir als

Ruderbewegungen

zusammenfassen. Die Organe allerdings, durch deren Ruderschlag das Tier einerseits aufwärts, andererseits vorwärts getrieben wird, sind sehr verschiedenartig ausgebildet. Stets aber muß dafür gesorgt werden, daß der wirksame Niederschlag des Ruders nicht durch das Vorbringen in die Ausgangsstellung wieder unwirksam gemacht wird. Beim Aufschlag muß demnach der Widerstand möglichst gering gemacht werden, beim Niederschlag dagegen möglichst groß. Bei der Ruderantenne der Flohkrebse geschieht das dadurch, daß sich beim Aufschlag die Äste und die Haare an ihnen, dem Wasserwiderstand nachgebend, zusammenlegen, während sich beim Niederschlag alle Teile möglichst weit voneinanderspreizen.

Sehr schön kann man die zweckmäßige Ausbildung und Handhabung von Ruderorganen, von denen wir hier nur eine geringe Auswahl vorführen können, bei manchen Wasserinsekten beobachten. Viele von ihnen gehören zwar nicht zu den

„Schwimmern“ in dem bisher ins Auge gefaßten Sinne, da sie nicht schwerer, sondern leichter sind als Wasser. Das hängt mit dem Luftvorrat zusammen, den sie als Luftatmer mit in das Wasser nehmen müssen. Ihr Schwimmen dient dann also nicht zum Verhindern des Absinkens, sondern zur freizügigen Bewegung in allen Richtungen.

Ruderorgane der Wasserinsekten sind die Beine, und zwar ist meistens das hintere von den drei Beinpaaren zu Schwimmbeinen geworden. Alle Insektenbeine haben den gleichen Bauplan, der in Anpassung an die Art der Fortbewegung in mannigfaltiger Weise abgewandelt wird.

In unseren Tümpeln lebt eine Anzahl von räuberischen Wasserwanzen; zu ihnen gehört auch der bekannte Rückenschwimmer (Abb. 41), der durch die Verteilung des Luftvorrates am Körper zu der

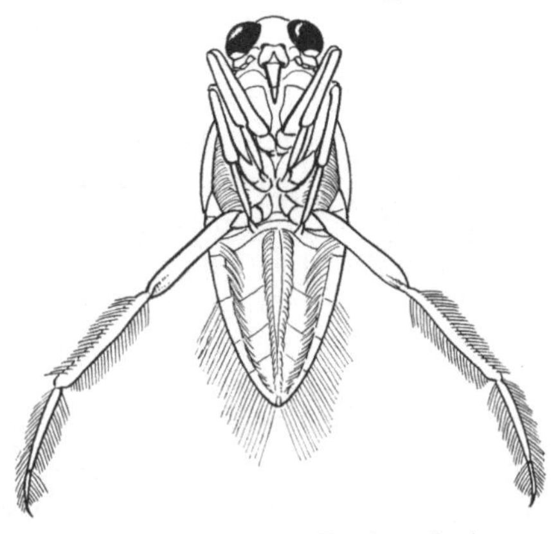

Abb. 41. Unterseite eines Rückenschwimmers (Wasserwanze) mit den mächtigen, zweizeilig mit beweglichen Haaren besetzten Schwimmbeinen.

eigentümlichen Schwimmlage mit dem Rücken nach unten verurteilt ist. Mit seinen Hinterbeinen kann er sehr schnell und geschickt schwimmen. Die ausgiebige Ruderwirkung wird erreicht einmal durch die beträchtliche Beinlänge, ferner dadurch, daß die letzten Beinglieder einen zweizeiligen Besatz von langen Haaren tragen. Diese sind so gestellt, daß sie beim Rückschlag vom Wasserdruck von selber abgespreizt werden und so die wirksame Ruderfläche erheblich vergrößern. Zugleich ist das Bein beim Ruderschlag gestreckt. Beim Vorschlag aber legen sich die Haare an die Beinglieder an, und das Bein wird gekrümmt. Der Widerstand ist dadurch bedeutend geringer als beim Rückschlag.

Ähnlich arbeitet das Schwimmbein eines unserer größten

Wasserkäfer, des Gelbrands. Doch ist hier die Ruderfläche mehr durch Verbreiterung der Hauptteile des Beines selber gebildet. Das Bein wird so geführt, daß es beim Rückschlag mit der Fläche, beim Vorschlag mit der schmalen Kante gegen das Wasser steht.

Am vollendetsten aber ist dieser Bauplan bei unseren kleinen Taumelkäfern (Abb. 42) durchgeführt. Man sieht die glänzend schwarzen, etwa $3/4$ cm langen Tierchen bei schönem Wetter gern auf der Wasseroberfläche ihre blitzenden Kreise ziehen, getrieben durch den rasenden Schlag ihrer beiden hinteren Beinpaare. Diese sind zwar sehr kurz, sie überragen kaum den seitlichen Körperrand. Aber sie sind vollendet auf eine flache Ruderform durchgebildet; es sind eigentlich alle Teile des Beines zu breiten Blättchen geworden, die beim Vorschlag, Kante voran, fächerartig zusammengeklappt werden, beim Rückschlag aber ihre Fläche gegen das Wasser stemmen. Dabei ist der Rand des Ruders noch besetzt mit ebenfalls brettartig flachen Härchen, die wie beim Rückenschwimmer an- und abgespreizt werden.

Die meisten Lebewesen, soweit sie schwerer sind als Wasser und sich rudernd fortbewegen, kommen über eine Größe von einigen Millimetern nicht hinaus; viele bleiben sogar unter der Millimetergrenze. Das hängt wohl mit der ziemlich geringen Leistungsfähigkeit der Ruderbewegung zusammen, die schwerlich einen großen schweren Körper vor dem Absinken bewahren könnte. Wenn manche Vögel (Pinguine, Taucher) und große Kriech- und Säugetiere (Schildkröten, Robben) sich geschickt und schnell durchs Wasser rudern, so ist zu bedenken, daß diese Tiere Lungen besitzen, also einen gasgefüllten Hohlraum in ihrem Körper haben, durch den das Übergewicht gegenüber dem Wasser weitgehend

Abb. 42. Oben: Taumelkäfer, gesehen von unten, Beine schwarz; die beiden hinteren Beinpaare als Schwimmbeine ausgestaltet; unten ein einzelnes Schwimmbein bei stärkerer Vergrößerung, die verbreiterten Beinteile mit (schwarz gezeichneten) flachen Haaren besetzt.

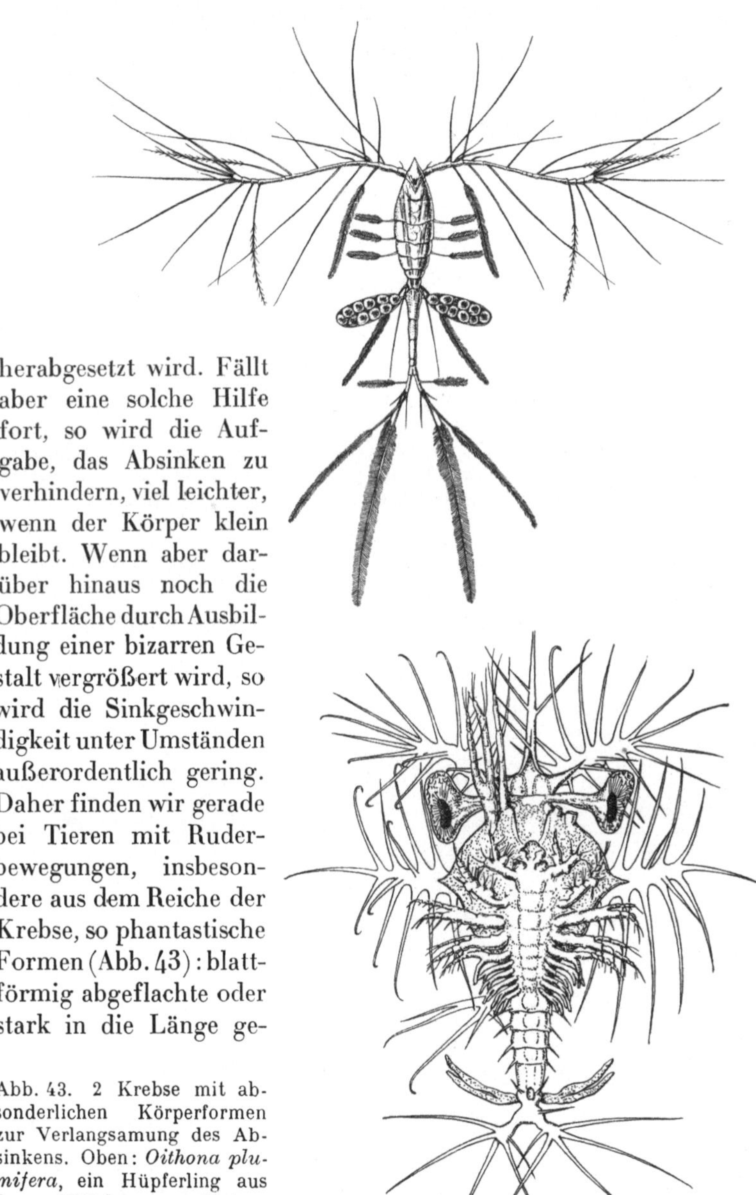

herabgesetzt wird. Fällt
aber eine solche Hilfe
fort, so wird die Auf-
gabe, das Absinken zu
verhindern, viel leichter,
wenn der Körper klein
bleibt. Wenn aber dar-
über hinaus noch die
Oberfläche durch Ausbil-
dung einer bizarren Ge-
stalt vergrößert wird, so
wird die Sinkgeschwin-
digkeit unter Umständen
außerordentlich gering.
Daher finden wir gerade
bei Tieren mit Ruder-
bewegungen, insbeson-
dere aus dem Reiche der
Krebse, so phantastische
Formen (Abb. 43): blatt-
förmig abgeflachte oder
stark in die Länge ge-

Abb. 43. 2 Krebse mit ab-
sonderlichen Körperformen
zur Verlangsamung des Ab-
sinkens. Oben: *Oithona plu-
mifera*, ein Hüpferling aus
dem Mittelmeer. Unten:
Larve von *Sergestes*.

streckte Körper oder Körperteile, Besatz mit stärkeren Dornen oder einer Unzahl feiner Härchen, alles Einrichtungen die fallschirmartig wirken.

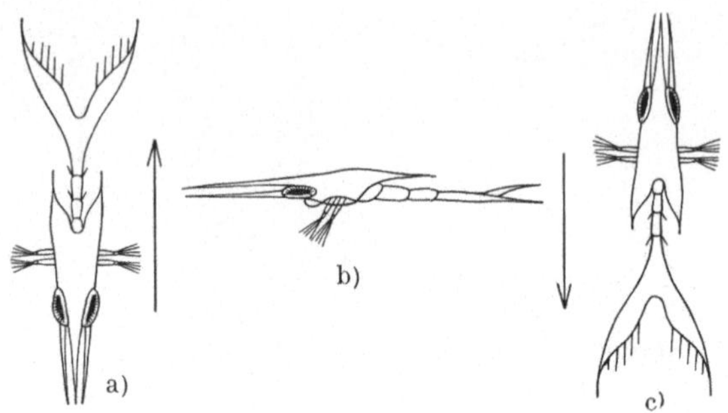

Abb. 44. Larve des Krebses *Munida bamffica*, a) aufwärts, c) abwärts schwimmend, b) Ruhelage beim langsamen Absinken.

Allerdings darf man nicht unbesehen jede auffällige Abweichung von einer geschlossenen Körperform als „Schwebeanpassung“ auffassen. Ausbildung von Körperfortsätzen ver-

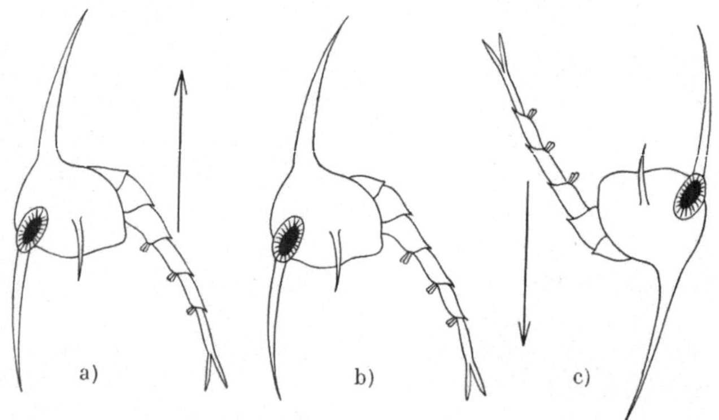

Abb. 45. Larve eines kurzschwänzigen Krebses, a) aufwärts, c) abwärts schwimmend, b) absinkend nach dem Aufwärtsschwimmen.

größert zwar die Oberfläche; aber es bleibt doch im einzelnen Fall zu untersuchen, ob etwa die Verhaltungsweise beim Schwimmen zweckentsprechend ist. Manchmal trifft das in ausgezeichneter Weise zu. So bewegen sich viele blattförmige

66

Tiere so, daß bei der Bewegung die Kante vorausgeht, daß
aber in der Ruhe die waagerechte Lage, d. h. die Fallschirm-
lage, eingenommen wird; sehr schön zeigt das die junge

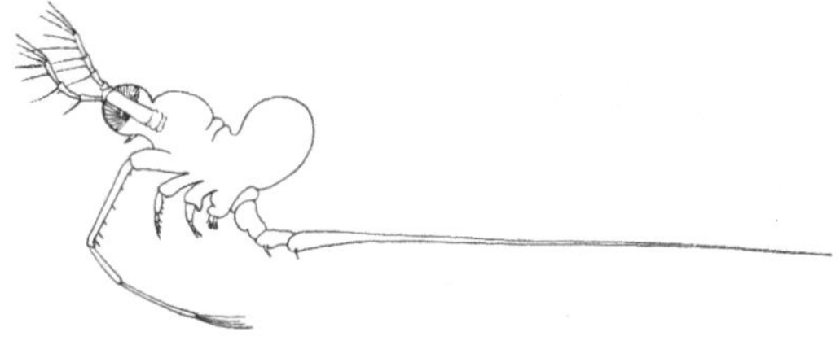

Abb. 46. Der Süßwasserkrebs *Bythotrephes longimanus*; der lange Schwanz-
stachel dient als Steuer.

Larve des Krebses *Munida bamffica* (Abb. 44). Aber es gibt
andere Arten, die sich anscheinend sinnwidrig verhalten. Die
Larven kurzschwänziger Krebse (Abb. 45) besitzen lange Stacheln am Kopfbruststück, die auf den ersten Blick „Schwebe-
apparate" zu sein scheinen. Aber die Lage der Tiere ist
immer so, daß die Stachelstange
senkrecht steht, sowohl beim
aktiven Schwimmen wie beim
passiven Absinken. Die Stacheln
müssen also wohl eine andere
Aufgabe haben; sie scheinen
Sinnesorgane zu tragen, die für
die Einhaltung der normalen
Schwimmlage von Bedeutung
sind.

In unseren größeren Süß-
wasserseen lebt nicht selten der
merkwürdige Krebs *Bytotrephes
longimanus* (Abb. 46), der an
seinem Hinterende einen außer-

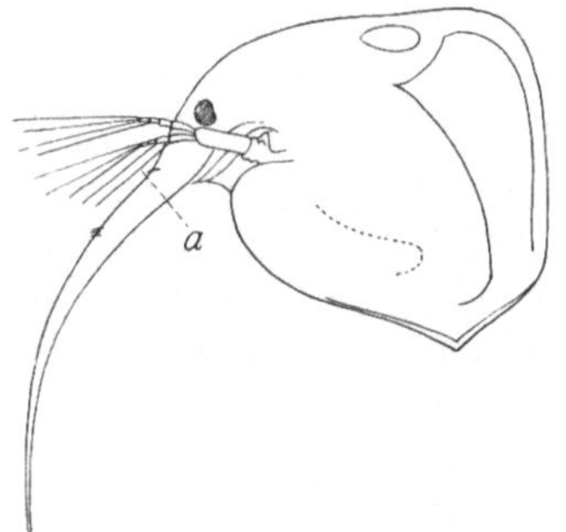

Abb. 47. Der Süßwasserkrebs
Bosmina coregoni. Der lange
Rüssel dient als Steuer, Abschnei-
den bei a zieht beim Schwimmen
über den Rücken Rollen nach sich.

ordentlich langen Dorn trägt; er wird insgesamt 4—5 mm
lang. Hier ist der Dorn in erster Linie ein Steuerorgan, das
nach verschiedenen Seiten geschwenkt werden kann und so
die Bewegungsrichtung beeinflußt. Ähnlich ist es mit dem
rüsselartigen Fortsatz des in unseren Süßwässern nicht selte-

nen Krebses *Bosmina coregoni* (Abb. 47). Der „Rüssel“ wird gebildet von dem stark verlängerten starren Paar der ersten Fühler; die Fortbewegung geschieht durch den schwirrenden Schlag des zweiten Fühlerpaars. Dieser Schlag aber wird nicht nach hinten, sondern etwas bauchwärts geführt. Die Folge ist, daß bei jedem Schlag der Kopfteil etwas gehoben wird. Daß das Tier nicht über den Rücken rollt, wird verhindert durch den Widerstand, den das Wasser am langen Rüssel findet. Denn schneidet man den Rüssel weg, so überschlägt sich das Tier wirklich nach hinten.

Man muß also etwas vorsichtig sein in der Beurteilung von Körperfortsätzen und sich vor unbedachten Verallgemeinerungen hüten. Der Gestalt nach ähnliche Organe können bei verschiedenen Tieren ganz verschiedene Aufgaben haben.

Wimpern und Geißeln.

Eine Vielzahl von Tierformen ist statt mit wenigen großen mit vielen kleinen Rudern ausgestattet: mit Cilien oder Wimpern. Das sind winzige haarförmige, protoplasmatische Fortsätze der Haut, die in einer bestimmten Richtung ihren Ruderschlag vollführen. Unter den Einzellern ist es die große Gruppe der Wimpertierchen (Abb. 48), deren Vertreter sich in Süß- und Seewasser mit dem Schlag ihres Wimperkleides tummeln. Bei manchen von ihnen ist die ganze Körperoberfläche mit Wimpern besetzt (z. B. Pantoffeltierchen), bei anderen beschränkt sich die Bewimperung auf bestimmte Teile.

Auch unter den mehrzelligen Wasserbewohnern ist diese Art der Fortbewegung nicht selten; aber sie ist beschränkt auf kleine Tiere und insbesondere bezeichnend für die Jugendstadien vieler Formen (Hohltiere, Würmer, Weichtiere, Stachelhäuter, Abb. 48), die sich im erwachsenen Zustand am Meeresboden aufhalten; die beweglichen Larvenformen sorgen für die Ausbreitung der Art. Bei solchen Larven sind oft nur bestimmte Stellen der Haut mit einem Besatz von Wimperhärchen versehen. Häufig sind die Wimperzellen zu Bändern geordnet, die einen äußerst verschlungenen Verlauf

zeigen können. Die Bildung
von Körperfortsätzen, über
die die Wimperschnüre hin-
ziehen, darf wohl zugleich
als Anpassung zur Vermin-
derung der Sinkgeschwindigkeit angesehen werden.

Wie kommt der Wimper-
schlag zustande? Es ist gar
nicht leicht, sich das vorzustellen. Eine Wimper ist ein

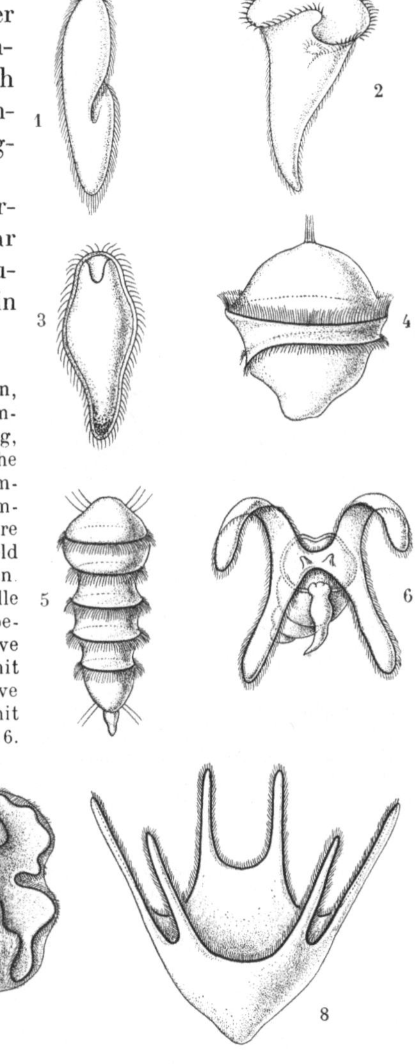

Abb. 48. Verschiedene Tierformen,
die durch Wimperschlag schwimmen. 1. Pantoffeltierchen, einzellig,
an der ganzen Körperoberfläche
gleichartig bewimpert. 2. Trom-
petentierchen, einzellig, feine Wimpern am ganzen Körper, stärkere
Wimperspirale um das Mundfeld
herum. 3.—8. Mehrzellige Formen.
3. Larve einer Staatsqualle
(*Stephanomia*), gleichmäßig bewimpert. 4. *Trochophora*-Larve
eines marinen Gliederwurmes mit
zwei Wimperkränzen. 5. Larve
eines anderen Gliederwurmes mit
mehreren Wimperkränzen. 6.
Larve einer mari-
nen Schnecke, Wim-
perbänder ziehen
über die Körperfort-
sätze hin. 7. Lar-
ve einer Seewalze
mit stark gewun-
denen Wimperbän-
dern. 8. Larve eines
Schlangensterns, die
Wimperbänder zie-
hen über die Kör-
perfortsätze hin.

feiner Protoplasmafaden, an dem wir nichts erkennen können,
was an muskulöse, also verkürzbare Bestandteile erinnert. Und
doch bewegt sie sich, und zwar durchaus nicht in einer ein-

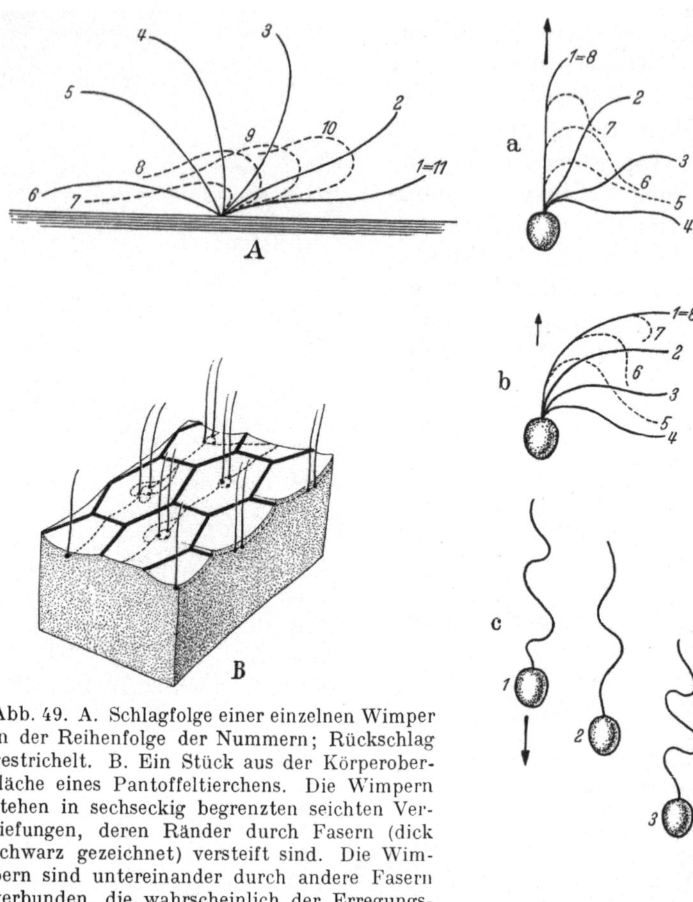

Abb. 49. A. Schlagfolge einer einzelnen Wimper in der Reihenfolge der Nummern; Rückschlag gestrichelt. B. Ein Stück aus der Körperoberfläche eines Pantoffeltierchens. Die Wimpern stehen in sechseckig begrenzten seichten Vertiefungen, deren Ränder durch Fasern (dick schwarz gezeichnet) versteift sind. Die Wimpern sind untereinander durch andere Fasern verbunden, die wahrscheinlich der Erregungsleitung dienen. C. Verschiedene Bewegungsarten des Geißeltierchens *Monas*, vereinfacht. a) Rasche Vorbewegung, Vorschlag der Geißel ausgezogen, Rückschlag gestrichelt. b) Langsame Vorbewegung. c) Rückbewegung durch Schlängeln der Geißel. d) Seitwärtsbewegung.

fachen Weise. Beim wirksamen Ruderschlag ist die Wimper stets ziemlich starr und gestreckt (Abb. 49 A), beim Rückschlag in die Ausgangsstellung aber schmiegt sie sich der Körperoberfläche weitgehend an. Das ist kein Zufall, sondern eine Notwendigkeit. Denn nur so kann die Wirkung des Vortriebsschlages größer sein als die des Rückschlages. Gleichwohl bleibt der „Nutzeffekt" bemerkenswert gering; er ließ sich für das Pantoffeltierchen auf etwa $\frac{1}{2}\%$ berechnen; d. h. nur etwa $\frac{1}{2}\%$ des wirklichen Leistungsaufwandes wird für die Bewegung nutzbar. Das Wimperkleid ist also eine sehr schlecht ausgenutzte Maschine.

Die Wimper eines Pantoffeltierchens kann nicht nur in einer bestimmten Richtung schlagen, sondern unter wechselnden Umständen in allen nur denkbaren Richtungen. Das muß man in Rechnung setzen, wenn man das Zustandekommen des Wimperschlages erklären will. Wir wollen es nur gleich gestehen, daß wir noch keinen Einblick in den Mechanismus des Wimperschlages haben. Wir haben Grund zur Annahme, daß rhythmisch wechselnde Quellungs- und Entquellungsvorgänge entlang der Wimperoberfläche eine ausschlaggebende Rolle spielen. Und wir können nur ahnen, wie verwickelt diese feinen Strukturänderungen im Protoplasma bei der so leicht wechselnden Schlagrichtung sein müssen. Wir müssen auch wohl annehmen, daß vom Anheftungspunkt aus die entsprechenden Anstöße zur Bewegung auf die Wimper übergreifen.

Auf der Oberfläche eines Pantoffeltierchens stehen die Wimpern in wunderbarer Ordnung (Abb. 49 B). Sie sind untereinander durch feinste fädige Strukturen verbunden. Wahrscheinlich sind diese Fäden, vergleichbar dem Nervensystem höherer Tiere, mit dafür verantwortlich, daß die zahllosen Wimpern nicht wirr durcheinanderschlagen. Sie schlagen auch nicht alle gleichzeitig, sondern in der Weise nacheinander, daß beim Anblick eines schlagenden Wimperfeldes der bekannte Eindruck des wogenden Kornfeldes entsteht, über das der Wind dahinstreicht. Auch das ist „sinnvoll" für die Fortbewegung: die unterbrochene Schlagfolge der Einzelwimper wird übersetzt in eine stetige Wirkung der Gesamtheit der Wimpern.

Die Rätselhaftigkeit dieses Bewegungsvorganges tritt uns vielleicht noch eindringlicher entgegen, wenn wir einen Blick in das Reich der Geißeltierchen (*Flagellaten*) werfen. Ihre in Süß- und Seewasser und auch als Schmarotzer häufigen, oft sonderbar gestalteten Formen sind durchweg kleiner als die Wimpertierchen. Ja, viele Geißeltierchen des Meerwassers sind so klein, daß sie dem Forscher durch die feinen Maschen seiner Fangnetze schlüpften und ihm lange verborgen blieben. Zu der Entdeckung dieser Kleinformen mußte erst die Natur selber mithelfen. Unter den Manteltieren (*Tunicaten*) gibt es Formen, die mit schlängelnden Bewegungen ihres Ruderschwanzes frei herumschwimmen. Sie bauen sich einen

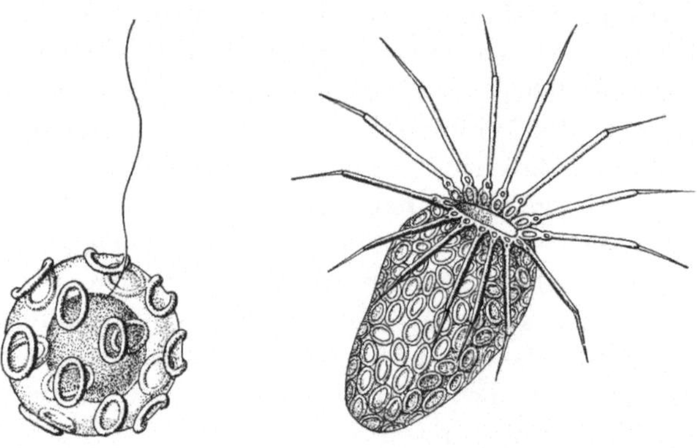

Abb. 50. Zwei winzige, mit Kalkstückchen gepanzerte Geißeltierchen (*Coccolithophoriden*) aus dem Meerwasser.

gallertigen Fangapparat mit Netzmaschen, die viel feiner sind als die feinsten Fangnetze von Menschenhand. Mit ihm filtrieren sie das Meerwasser und fangen sich als Nahrung gerade die winzigsten Lebewesen des Meeres, unter ihnen besonders die kleinen Geißeltierchen heraus. So eröffnete sich bei der Untersuchung dieser Fangapparate dem Forscher eine ganz neue Welt.

Alle diese Formen sind sicher schwerer als Wasser; viele von ihnen (die *Coccolithophoriden*) sind geradezu gepanzert mit oft sonderbar geformten Kalkstückchen (Abb. 5o), die den Körper natürlich erheblich beschweren müssen. Aber die außerordentliche Kleinheit einerseits, der Besitz von Bewegungsorganen andererseits ermöglichen den Aufenthalt im freien Wasserraum.

Wie bei den Wimpertierchen geht die Bewegung mit Hilfe von protoplasmatischen Körperfortsätzen vonstatten. Doch sind diese „Geißeln" im Vergleich zur Körpergröße viel länger, dafür aber viel weniger zahlreich als die „Wimpern". Meistens sind nur eine oder zwei Geißeln vorhanden. Da die Geißelbewegung in der Regel so schnell vor sich geht, daß man sie sehr schwer im Mikroskop verfolgen kann, so ist es verständlich, daß wir auch hier weit davon entfernt sind, die Bewegungsart der unzähligen Geißeltierchen befriedigend zu erfassen. Nur an einigen günstigen Formen hat man die Bewegung genauer verfolgen können. Einen solchen Fall wollen wir uns ansehen.

Es handelt sich um eine kleine Süßwasserform (Gattung *Monas*, Abb. 49 C) mit einer großen und einer kleinen Geißel, von denen wir die letztere vernachlässigen wollen, da sie für die Fortbewegung bedeutungslos zu sein scheint. Das Tierchen kann sich in verschiedenster Weise bewegen: vorwärts, rückwärts, seitwärts, schnell, langsam. Meistens bewegt sich die große Geißel dabei so schnell, daß man nur einen einheitlichen Schwingungsraum sieht, ähnlich wie z. B. beim Flügelschlag einer Fliege oder Biene. Nur in besonders günstigen Augenblicken kann man die Bewegungen der Geißel im einzelnen verfolgen, von denen uns die Abb. 49 C einen Teil zeigt. Die Geißel kann also einen ganz ähnlichen Schlag machen wie die Wimper; die Anschmiegbewegung bei der Rückkehr in die Ausgangsstellung ist auch hier sehr deutlich. Da der Schlag schief geführt wird, ist der Erfolg nicht nur eine Vorwärtsbewegung, sondern zugleich eine Drehung um die Längsachse. Darüber hinaus aber gibt es eine Reihe weiterer und verwickelterer Bewegungsformen als bei den Wimpern. Denn von ganz anderer Art ist der Geißelschlag beim Rückwärts- oder Seitwärtsschwimmen; er ist vergleichbar der Bewegung eines Taues, das man von einem Ende her auf und ab schleudert.

Die Zahl der Bewegungsformen dieses Tierchens ist damit noch keineswegs erschöpft. Andere Geißeltierchen machen es sicher wieder anders; wie sie es machen, ist einstweilen noch ihr Geheimnis.

Schlängelbewegung.

In der Schlängelbewegung hat uns die Geißel eine neue Art Schwimmbewegung gezeigt, die wir, so oder so abgewandelt, bei vielen Wassertieren wiederfinden. Dabei kann der ganze, meist etwas abgeflachte Körper an der Schlängelung

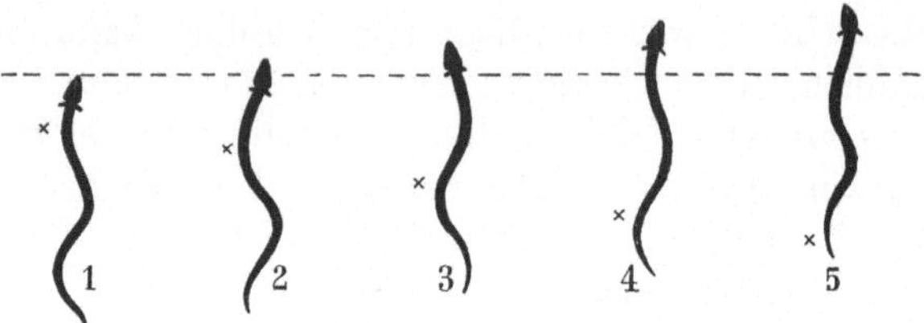

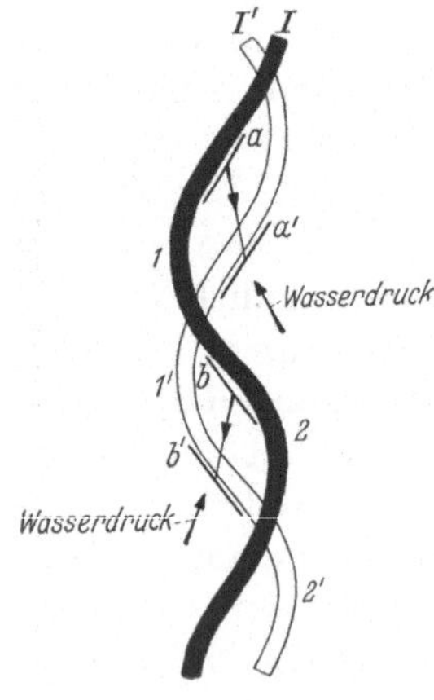

Abb. 51. Oben: 5 Stadien der Vorwärtsbewegung eines Aals. Links: Ausschnitt aus einem sich schlängelnden Körper. Ausgehend von der Stellung I ist kurz darauf die nur im Umriß gezeichnete Stellung I' erreicht; Wellenberg 1 ist nach 1', 2 nach 2' verschoben, d. h. die Teile der Körperflanken a und b nach a' und b'.

beteiligt sein. Von einheimischen Tieren führen uns z. B. Aal (oder auch Molche zur Brutzeit) und Blutegel, wenn sie sich auch schwer zum Schwimmen entschließen, diese Art Bewegung vor; Aaal und Molche, seitlich abgeflacht, machen seitliche Schlängelbewegungen, der Blutegel, vom Rücken zum Bauch abgeflacht, schlängelt sich von oben nach unten.

Wie kann durch das Schlängeln überhaupt eine Vorwärtsbewegung des Körpers zustande kommen? Abb. 51 zeigt oben von links nach rechts einen Aal in verschiedenen Stadien der Bewegung. Wir müssen uns die nebeneinanderstehenden Bilder eigentlich übereinander gezeichnet denken. Sehr deutlich sehen wir, wie mehrere Wellen von vorn nach hinten über den Körper hin laufen, z. B. der mit $\times$ bezeichnete Wellenberg. Immer steht die Körperachse schief zur Be-

wegungsrichtung, aber in verschiedenen Teilen des Körpers
verschieden; ein Teil der Körperflanken ist schief nach hinten
gekehrt, und zwar nach links hinten bzw. nach rechts hinten.
Wandert nun eine Welle über den Körper, den wir uns am
Kopf festgehalten denken, hin, so wird der schief nach hinten
gekehrte Teil der Flanke nach hinten verschoben (Abb. 51
unten); er drückt dabei gegen das Wasser, das Widerstand
leistet. Ist aber das Tier frei beweglich, so wird es sich eben
wegen dieses Wasserwiderstandes nach vorn bewegen. Die
schief nach hinten gekehrten und nach hinten über den
Körper hinwandernden Flankenteile wirken gleichsam wie
Ruderflächen, die durch das Wasser geschoben werden. Be-
halten wir den Vergleich mit der Ruderfläche bei, so begreifen wir: daß große Schlängelwellen wirksamer sind als
kleine (Vergrößerung der Ruderflächen); daß lange Körper
mit vielen Schlängelwellen besser vorwärts kommen als kurze
(viele Ruderflächen); daß schnelles Schlängeln besser schafft
als langsames (mehr Ruderschläge); daß schließlich ein ab-
geplatteter Körper zum Schlängeln geeigneter ist als ein dreh-
runder (verbreiterte Ruderfläche).

Bei den ausgesprochenen Schlängelschwimmern des freien
Wassers ist aber in der Regel nur ein Teil des Körpers an
der tätigen Bewegung beteiligt. Bei den meisten Fischen ist
es der mit besonders starker Muskulatur ausgestattete
Schwanz, der durch seitliche Bewegungen den Körper vorwärts treibt; dabei wird die Wirksamkeit des Schlages erhöht
durch die Ausbildung der senkrecht gestellten, mehr oder
weniger tief ausgeschnittenen Schwanzflosse (Abb. 52).
Rücken- und Afterflossen sowie die paarigen Brust- und
Bauchflossen sind dagegen in der Regel nicht Antriebs-, sondern Steuerorgane.

Die Mehrzahl der Fische ist durch den Besitz einer
Schwimmblase ausgezeichnet, die den Fisch ebenso schwer
macht wie das Wasser. Ihre Schwimmbewegungen brauchen
dann nicht zugleich das Absinken verhindern. Aber es gibt
auch schwimmblasenlose Fische; zu ihnen gehören vor allem
die Knorpelfische: die Haie und Rochen. Sie sind schwerer
als Wasser; die Mehrzahl von ihnen hält sich daher auf

oder dicht über dem Meeresboden auf. Nur wenige Haifische sind ausgesprochene Beherrscher des freien Meeres geworden; diese aber müssen wirklich rastlos schwimmen, um das Absinken zu verhindern. Durch geeignete Stellung der Steuerflächen wird neben dem Vortrieb auch eine ausreichende Hubwirkung erzeugt. Da es sich hier um zum Teil riesige, mehrere Meter lange Formen handelt, bei denen also im Vergleich zur Masse eine kleine Oberfläche vorhanden ist, wäre eine Oberflächenvergrößerung als Schwebeeinrichtung ganz sinnlos. Wir sehen vielmehr gerade den entgegengesetzten Weg eingeschlagen: es werden alle unnötigen bewegungshindernden Körperfortsätze vermieden, es entsteht die torpedoartige Schnellschwimmerform (Abb. 52).

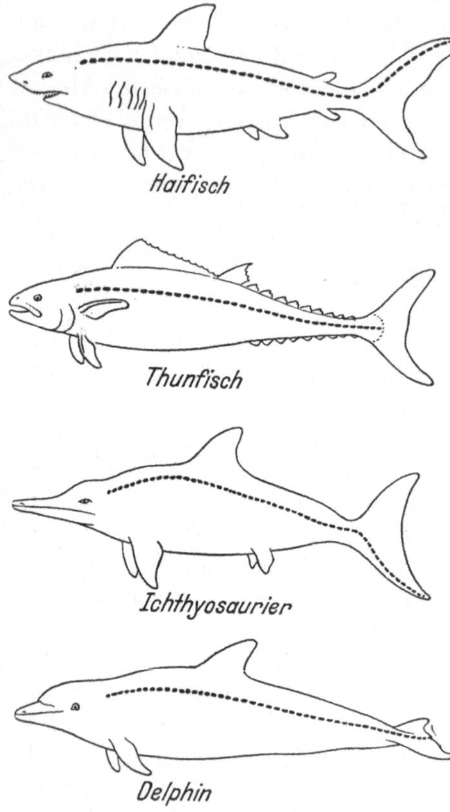

Abb. 52. Schnellschwimmerform bei verschiedenen Wirbeltieren; von oben nach unten: Haifisch (Knorpelfisch), Thunfisch (Knochenfisch), Schwimmechse (Ichthyosaurier, Kriechtier), Delphin (Säugetier). Der Verlauf der Wirbelsäule ist durch die gestrichelte Linie angedeutet.

Es ist eine erstaunliche Tatsache, die die formende Kraft der Umwelt trefflich beleuchtet, daß wir ganz die gleiche Form bei Vertretern verschiedenster Wirbeltiergruppen finden. Daß schnellschwimmende große Knochenfische, wie z. B. der Tunfisch, die gleiche Torpedoform zeigen, ist noch nicht so verwunderlich. Aber als im Erdmittelalter die Saurier die Erde beherrschten, bildeten sich auch unter ihnen wasserlebende Formen aus, von denen die Ichthyosaurier wohl als die vortrefflichsten Schwimmer anzusehen sind. Unter den Säugetieren sind es heute die Wale, die zu Beherrschern des Wasserraumes wurden. Und wir sehen: Ichthyosaurier und Wale bekommen die gleiche Schnellschwimmerform wie die Fische; bei beiden entsteht eine „Rückenflosse" als Stabilisierungsfläche; bei beiden werden die Vorderbeine zu flossenartigen Steuerorganen, die Hinterbeine dagegen werden mehr oder weniger weitgehend rückgebildet; bei beiden schließlich liegt der Motor in den Muskeln des Hinterleibes, zu deren Unterstützung eine kräftige „Schwanzflosse" entwickelt wird.

Aber gerade in der Ausbildung des Motors zeigen sich auch wieder bezeichnende Unterschiede; schon äußerlich. Bei Fischen und Ichthyosauriern steht die Schwanzflosse senkrecht. Sie findet bei Knorpelfischen und Schwimmechsen eine Stütze durch die aufwärts bzw. abwärts gebogene Wirbelsäule; wir wissen noch nicht recht, wie dieser auffallende Unterschied zu deuten ist. Bei den Knochenfischen dagegen entsendet die Wirbelsäule keinen Ausläufer in einen der beiden Schwanzflossenäste. Die Bewegungen des Hinterleibsendes aber sind bei senkrecht stehender Schwanzflosse naturgemäß seitwärts gerichtet.

Demgegenüber besitzen die Wale eine waagerecht gestellte „Schwanzflosse", die beim Schwimmen auf und ab bewegt wird. Dieser Unterschied in der Schwimmbewegung bedeutet mehr als eine unwesentliche Abänderung der ursprünglichen, den Fischen eigenen Antriebsform. Er setzt ein ganz anderes Arbeiten, also auch eine andere Anordnung der Muskulatur voraus.

Bei jedem Fischessen kann man sich, besonders gut im Schwanzbereich, von dem eigentümlichen Bau der Muskulatur überzeugen (Abb. 53). Sie besteht jederseits aus einer Vielzahl hintereinanderliegender Muskelkästchen, die meist tütenartig ineinanderstecken und von denen jedes wieder in eine obere und eine untere Hälfte zerfällt. In ihnen verlaufen die kontraktilen Fasern gleichlaufend zur Körperlängsachse; sie sind befestigt an sehnigen Bindegewebsscheiden, die die Muskelkästchen voneinander trennen und die sich links und rechts an das „Rückgrat" anheften. Bei niederen Wirbeltieren, z. B. bei dem kleinen, noch kopf- und gehirnlosen Lanzettfischchen (*Branchiostoma*) oder den Neunaugen, ist dies Rückgrat als einheitlicher elastischer Stab (Rückensaite, *Chorda dorsalis*) ausgebildet, bei den meisten Fischen aber ist es zwar härter, aus Knorpel oder Knochen, dafür aber der Muskulatur entsprechend in hintereinanderliegende „Wirbel" geteilt. Durch elastische Bindegewebsbänder sind die

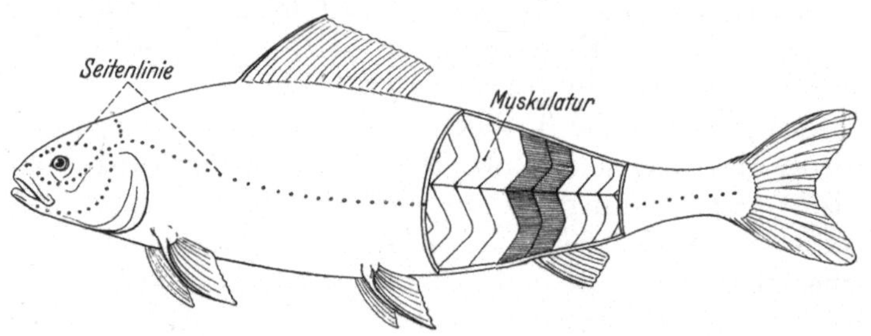

Abb. 53. Fisch mit Seitenlinien. Anordnung der Muskulatur unter der Haut.

Wirbel so miteinander verbunden, daß die Wirbelsäule als Ganzes ähnlich der Rückensaite wie ein elastischer Stab wirkt.

Was kann diese Muskulatur für eine Wirkung ausüben? Ziehen sich die linken und die rechten Muskeln gleichzeitig zusammen, so kann nichts geschehen, die Wirkungen heben sich gegenseitig auf. Ziehen sich alle linken Muskeln zusammen, so muß sich das Rückgrat nach links krümmen; bei Erschlaffen der Muskeln wird es elastisch in die gestreckte Lage zurückschnellen. Zusammenziehen der rechten Muskeln aber bewirkt Krümmung nach rechts. So kommt durch rhythmische abwechselnde Arbeit der linken und rechten Muskulatur die schlängelnde Bewegung der Fische zustande.

Ganz anders die Wale! Warum? Weil sie Säugetiere, d. h. von Haus aus Landbewohner sind, deren Vorfahren erst nachträglich wieder ins Wasser gingen und sich an eine für sie neue Bewegungsart anpassen mußten.

Die Landwirbeltiere bewegen sich durchweg ganz anders als die Fische; sie benutzen ihre Beine als Hebelwerkzeuge zum Kriechen und Laufen. Damit tritt die Rumpfmuskulatur in den Hintergrund. Andere, neue Muskeln zur Bewegung der Beine entstehen und machen sich im Bereich des Schulter- und Beckengürtels breit. An der ursprünglichen, schwächer gewordenen Rumpfmuskulatur treten Änderungen auf. Die tieferen Teile, die an die Wirbelsäule grenzen, ziehen als kleine Muskeln von Wirbel zu Wirbel. Die Wirbel berühren sich in richtigen Gelenken; die Wirbelsäule erhält so eine vielfältigere Beweglichkeit. An den mehr oberflächlich gelegenen Teilen der Muskulatur aber verschwindet die bei Fischen so auffallende Gliederung in hintereinandergelegene Abschnitte. Es werden langgestreckte einheitliche Muskeln gebildet. Das gilt vor allem für die rückseitigen Teile der Muskelkästchen, für die bauchseitigen nur im hinteren Körperabschnitt, wo keine Rippen mehr vorhanden sind.

Als die Vorfahren der Wale ins Wasser gingen und zu Schwimmern wurden, mußten sie mit ihrer Säugermuskulatur auskommen. Abb. 54 zeigt, was dabei herauskam: die rückseitigen Muskeln wurden außerordentlich stark und lang; sie setzten sich mit mächtigen Sehnen an die rückseitigen Dornfortsätze der Lenden- und Schwanzwirbel. Schwächer, aber immer noch bedeutend stärker als bei Landsäugern entwickelten sich die bauchseitigen Längsmuskeln; sie biegen den Schwanz abwärts. Im Zusammenhang damit wurde auch die Wirbelsäule umgestaltet. Die Wirbelfortsätze im Schwanzbezirk wurden groß, um den Sehnen der Schwimmuskeln Ansatzflächen zu bieten. Die Wirbelsäule wurde besonders im hinteren Bereich wie bei den Fischen wieder zu einem elastischen Stabe. Denn es fehlen gelenkige Wirbelverbindungen; dafür sind dicke elastische Zwischenwirbelscheiben vorhanden. Es entstanden die einem Säugetier gar nicht zukommenden „Flossen". Kurzum, der ganze Körper wurde für das neue Lebenselement umgebildet. Und mit den schnellen, fast zitternden Auf- und Abschlägen seiner Schwanzflosse vermag der Delphin mit D-Zugs-Geschwindigkeit dahinzubrausen.

Unerschöpflich reich an immer wieder anderen Bewegungsformen ist das Heer der wasserbewohnenden Wirbeltiere, von
den Wirbellosen ganz zu schweigen. Allein schon unter den
Fischen, von denen wir über 12 000 Arten zählen, finden
sich die sonderbarsten Abwandlungen. Jeder Tierliebhaber
kennt wenigstens vom Hörensagen die Seepferdchen, die sich

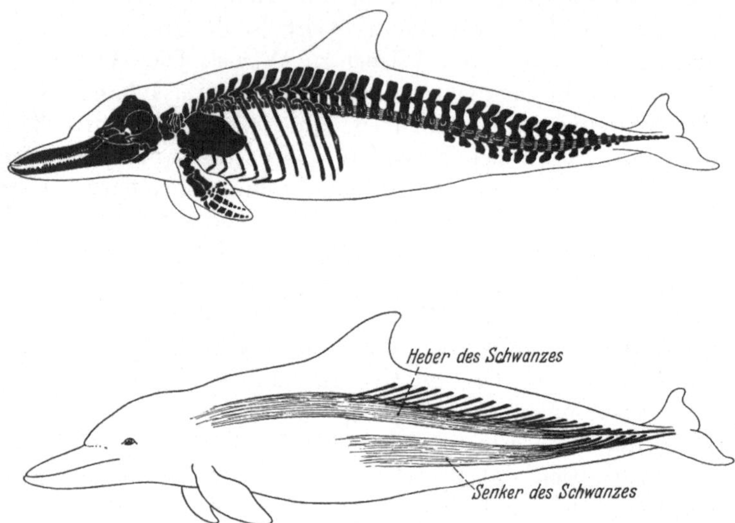

Abb. 54. Skelett (oben) und Hauptschwimmuskeln der linken Seite (unten)
eines Delphins. Die Muskeln sind vereinfacht dargestellt; schwarz die aus
den Muskeln austretenden Sehnen, die sich an die Wirbelfortsätze ansetzen.

meistens in Tang- und Algenwäldern mit ihrem Wickel-
schwanz festhalten. Aber sie können auch mit einer langsamen und stetigen Bewegung, wie von einer unsichtbaren
Macht geschoben, frei herumschwimmen; bald in senkrechter,
bald in mehr horizontaler Lage, aufwärts, vorwärts, abwärts. Der Kopf und der der Schwanzflosse entbehrende
Rollschwanz können dabei verschiedenste Drehungen vollführen. Von einer Ruder- oder Schlängelbewegung ist auf
den ersten Blick nichts zu sehen, bis man auf die kleine
Rückenflosse und die beiden noch zarteren Brustflossen gleich
hinter dem Kopf achtet (Abb. 55). Durch vibrierende Be-

80

wegungen dieser Flossen (15 bis 25 Schwingungen in der Sekunde) kommt das Schwimmen zustande. Dabei schwingen die Strahlen einer Flosse nicht gleichzeitig, sondern so nacheinander, daß der freie Flossenrand eine wellenförmig schlängelnde Bewegung macht. Ihrer Stellung nach wirkt die Rückenflosse in Richtung der Körperlängsachse, die Brustflossen aber können je nach der Neigung des Kopfes nach verschiedenen Richtungen wirken. Durch Zusammenarbeiten von Brust- und Rückenflossen ist schon ein Teil der Bewegungen des Tieres begreifbar. Dazu kommt noch die eigentümliche und sonst bei den Fischen nicht übliche Rolle des Schwanzes. Das Tier ist im ganzen schwerer als das Wasser; der Vorderkörper zwar, der die Schwimmblase birgt, ist leichter als Wasser, der muskulöse Schwanz aber ist sehr schwer und bewirkt, daß das Tier sich bei senkrechter Haltung in stabiler Gleichgewichtslage befindet. Auch darin unterscheidet sich das Seepferdchen von den meisten anderen Fischen, deren Gleichgewichtslage eine unsichere ist: betäubt man sie, so kehren sie den Bauch nach oben. Durch Seitwärts-, Vorwärts-, Rückwärtsschwenken des

Abb. 55. Seepferdchen, 3 Stadien des Tauchens. Durch starkes Einrollen und Vorbiegen des Schwanzes wird der Schwerpunkt so verlagert, daß der Oberkörper vornüberkippt; zugleich arbeiten die kleinen Brustflossen hinter dem Kopf sehr heftig, drücken dadurch den Oberkörper noch mehr abwärts. Die Rückenflosse kann dabei ruhig bleiben.

schweren Schwanzes aber kann das Seepferdchen die Lage seines Schwerpunktes und damit die Stellung seiner Körperachse ändern, so daß der Schlag der Rückenflosse, der stets gleichgerichtet zum Körper bleibt, gleichwohl ein Schwimmen in verschiedener Richtung ermöglicht. Beim Seepferdchen ist der normale Bewegungsvorgang der Fische also gleichsam auf den Kopf gestellt: Antrieb durch Brust- und Rückenflossen, Steuerung zum wesentlichen Teil mit durch Verlagerung des schweren Schwanzes.

Wir sagten soeben, daß die Normalhaltung der meisten Fische gar kein selbstverständlicher Zustand ist. Das Bauchobenschwimmen toter und betäubter Fische beweist, daß die übliche Haltung erst durch verwickelte Steuerbewegungen der Flossen gesichert ist. Die Fische und mit ihnen fast alle Bewohner des freien Wassers befinden sich in einer ähnlichen Lage wie der Vogel in der Luft. Auch sie müssen besser als Oberflächenbewohner den Raum beherrschen können, müssen Abweichungen von der Normallage wahrnehmen und damit die ausgleichenden Schwimmbewegungen ermöglichen können. Wie bei allen Wirbeltieren ist auch bei den Fischen das innere Ohr das maßgebende Sinnesorgan. Darüber hinaus sind wie bei den Vögeln im Gehirn die Teile (vor allem das Kleinhirn) besonders gut ausgebildet, die den harmonischen Zusammenklang der vielfachen Bewegungen im Raum sichern.

Der Fisch ist gegenüber dem Wasser fast immer in Bewegung; entweder schwimmt er im Wasser umher, oder das Wasser bewegt sich gegen ihn, wie wir an einer im Strom stehenden Forelle sehen. Ist der Fisch fähig, den Strom des Wassers gegen seinen Körper wahrzunehmen?

Wir machen einen Versuch. Aus einer feinen Spritze richten wir gegen die Flanke eines Hechtes einen feinen Wasserstrahl so, daß das Tier nichts von unseren Handgriffen sieht. In dem Augenblick, in dem der Wasserstrahl die Haut des Fisches trifft, fährt er blitzschnell herum und schnappt in Richtung der Spritze. Was ist geschehen? Der Hecht hat nicht nur den Wasserstrahl überhaupt wahrgenommen, sondern auch die Richtung, aus der er kam; als Antwort hat er eine Angriffsbewegung ausgeführt wie auf einen Beutefisch. Auf Grund dieser Fähigkeit findet auch ein blinder Hecht noch seine Beute.

Die Wahrnehmung von Strömungen wird durch eine Reihe von Sinnesorganen ermöglicht, die vor allem in der Seitenlinie sitzen. An den Flanken der meisten Fische sehen wir einen auffallenden Streifen (Abb. 53, S. 78). Hier zieht dicht unter der Haut ein schleimgefüllter feiner Kanal entlang, der in regelmäßigen Abständen durch kurze Stutzen nach außen

mündet (Abb. 56).
In der Kanalwand
stehen Knospen von
Sinneszellen, die mit
einer Gallertkappe be-
deckt sind. Trifft ein
Wasserstrom auf die
Flanke des Fisches,
so setzt er sich in
den Kanal hinein fort;
die Gallertkappe wird
abgebogen, dadurch
werden die Sinnes-
zellen erregt. Es ist
einleuchtend, daß die
Art der Erregung von der
Stärke und der Richtung
des Stromstoßes abhängt.

Dies Kanalsystem er-
streckt sich in mehreren
Zweigen auch auf den Kopf
des Fisches. Außerdem ist
die Haut noch besetzt mit
freien, d. h. nicht in Kanä-
len versteckten Sinneskno-
pen mit zylinderförmigen
Gallertkappen (Abb. 57).
Man kann im Mikroskop
unmittelbar beobachten, wie
der Wasserstrom die Gal-
lertzylinder abbiegt. Und
nicht nur heftige Wasser-
ströme kann der Fisch
mit diesen Organen wahr-

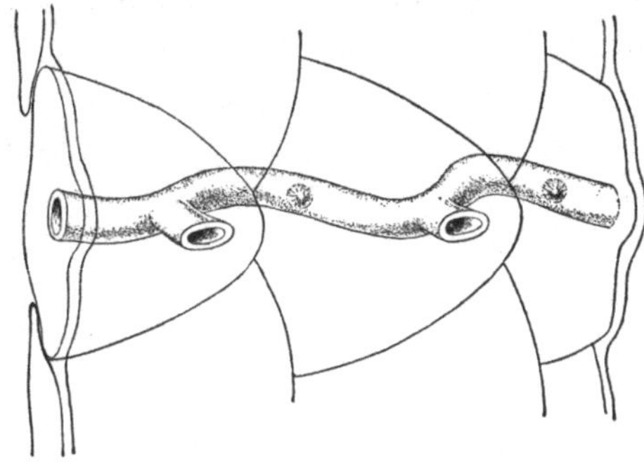

Abb. 56. Ein Stück aus der Rumpfseitenlinie eines Fisches; die Schuppengrenzen sind angegeben. Der Seitenlinienkanal steht durch kurze Stutzen mit dem Wasser in Verbindung; zwischen je zwei solcher Öffnungen liegt im Kanal eine Sinnes-knospe.

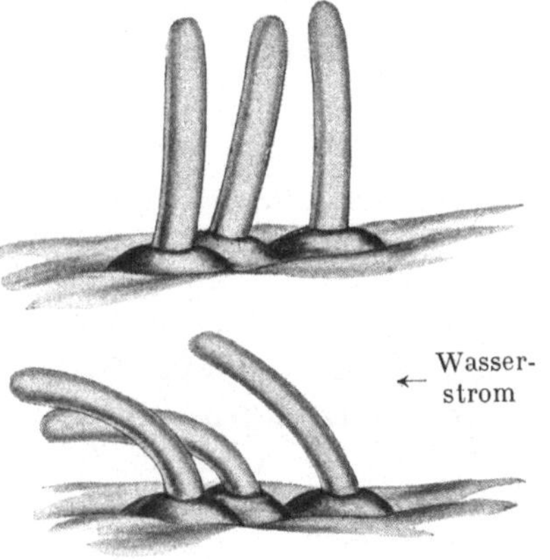

Abb. 57. Frei auf der Körperoberfläche stehende Seitenlinienorgane der Elritze; lange Gallertzylinder auf den Sinneszell-knospen. Oben: in Ruhe; unten: Ab-biegen der Gallertzylinder durch einen leichten Wasserstrom von rechts.

nehmen, sondern er kann mit ihrer Hilfe auch unbewegliche Hindernisse vermeiden. Eine Elritze wird niemals gegen einen Gegenstand anrennen, auch wenn sie ihn nicht sieht. Sie ertastet ihn gleichsam in die Ferne. Vom schwimmenden

Tier gehen Wasserbewegungen aus, die an anderen Gegenständen zurückgeworfen und dann vom Fisch wahrgenommen werden. So besitzen Fisch und Fledermaus das gleiche feine Ferntastvermögen, aber auf Grund durchaus verschiedener Sinnesorgane.

Bewegung durch Rückstoß.

Im Neapler Aquarium hat man ab und an Gelegenheit, eine Schar Kalmare (*Loligo vulgaris*) beim Schuleschwimmen zu beobachten (Abb. 58). Das sind bleichrötlich gefärbte, etwa handlange Tintenfische, die im Gegensatz zu ihren boden-

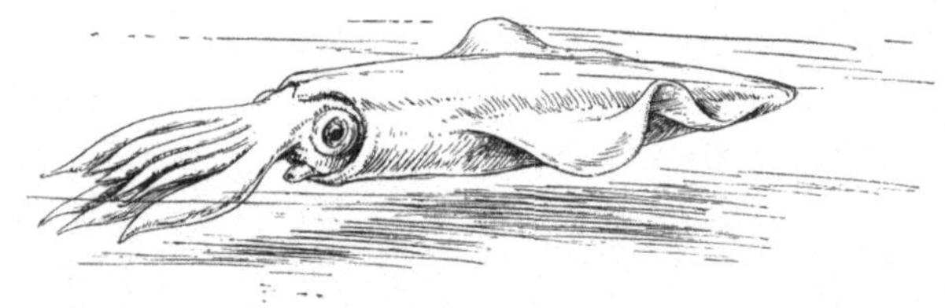

Abb. 58. Kalmar (*Loligo vulgaris*), durch Schlängeln seiner Seitenflossen schwimmend. Unter dem Kopf ist der Trichter sichtbar.

bewohnenden Verwandten ausgesprochene Bewohner des freien Wassers sind. Der Körper ist schlank, nach hinten zugespitzt; vorne legen sich die Arme dicht aneinander, so daß auch hier eine konische Spitze entsteht. Links und rechts stehen die großen waagerechten Flossen, deren Teile so nacheinander auf und ab bewegt werden können, daß der freie Rand, ähnlich wie bei den Flossen des Seepferdchens, eine Wellenlinie beschreibt. Dabei kann die Welle von vorne nach hinten oder umgekehrt laufen. So sieht man nicht nur ein Tier, sondern wie durch unsichtbare Fäden verbunden die ganze Schar eintönig ihre Bahn ziehen: vorwärts, rückwärts, vorwärts, rückwärts.

Plötzlich aber geschieht etwas Überraschendes. Irgendwie erschreckt, schießt plötzlich ein Tier blitzschnell nach rückwärts davon, und es kann wohl geschehen, daß es in hohem Bogen über die Wasseroberfläche hinausspringt. Diese Be-

84

wegung kommt auf ganz andere Weise als die gewöhnliche Schwimmbewegung zustande. Bauchseitig liegt die Atemhöhle mit den Kiemen; durch rhythmische Verengerung und Erweiterung wird Atemwasser durch sie hindurchgepumpt. Es tritt durch eine eigene Öffnung ein und wird durch den sogenannten „Trichter", der bauchseits hinter dem Kopf liegt, nach vorne wieder ausgestoßen. In Augenblicken der Gefahr aber wird das Atemwasser äußerst heftig durch den engen Trichter ausgespritzt, das Tier schießt durch den Rückstoß wie aus der Pistole geschossen rückwärts davon. Ein besonderer Trick der Tintenfische ist es, daß mit dem Atemwasser auch die schwarze Absonderung der Tintendrüse ausgestoßen werden kann, so daß das Tier sich hinter einer dunklen Wolke einem Verfolger entzieht.

Diese Art der Fortbewegung ist nicht gerade häufig. Unter den Süßwassertieren wird sie gelegentlich von den großen Libellenlarven angewandt, die sich sonst nur ungern zum Schwimmen entschließen. Sie atmen mit dem Enddarm, schwimmen also, da sie das Wasser aus dem After ausstoßen, nach vorn davon.

Nur bei den Quallen ist die Bewegung durch Rückstoß die gewöhnliche Art der Fortbewegung (Abb. 59). Die schirm- oder glockenförmigen Gebilde werden manchmal in ungeheuren Mengen an die Küsten unserer Meere getrieben; man kann dann vom Boot aus die gleichmäßig rhythmische Bewegung sehr schön beobachten. Die Hauptmasse des Quallenkörpers macht der gewölbte gallertige Schirm aus. Von der Mitte der unteren Schirmhöhle hängt wie der Klöppel in der Glocke das manchmal in viele Arme aufgeteilte Mundrohr herab. Der Schirmrand ist besetzt mit kürzeren oder längeren Tentakeln und mit Sinnesorganen. In die Wand der unteren Schirmhöhle sind ringförmig verlaufene Muskeln eingelagert; ziehen sie sich zusammen, so wird der Gallertschirm stärker gewölbt, die Schirmhöhle plötzlich verengert, das Wasser ausgetrieben; durch den Rückstoß schwimmt die Qualle, mit dem Schirmscheitel voran, davon. Erschlaffen die Muskeln, so nimmt der Schirm vermöge der Elastizität der Gallerte die Ausgangslage wieder ein.

Diese anscheinend so einfache Bewegungsweise gibt uns gleichwohl einige Fragen auf. Das, was die Bewegung der Quallen grundsätzlich von der ähnlichen Bewegung der Tintenfische unterscheidet, ist ihr gleichmäßiger Rhythmus, den man auch an stark zerstückelten Tieren noch beobachten

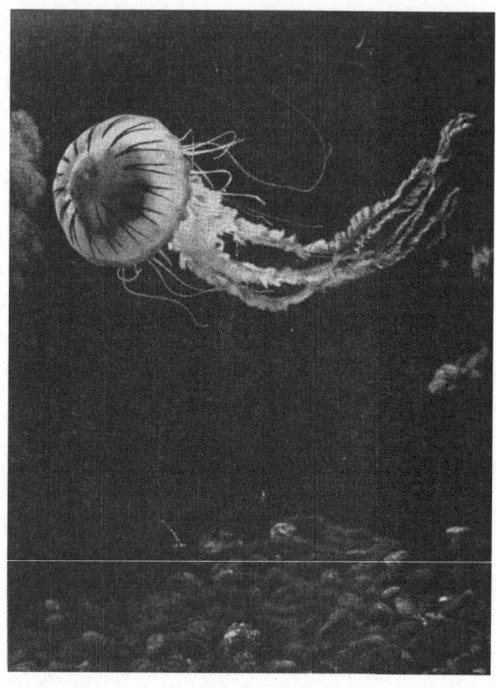

Abb. 59. Schwimmende Kompaßqualle aus der Nordsee. (Phot. F. Schensky, Helgoland.)

kann. Es gibt eigentlich nur ein Mittel, diesen Rhythmus zu unterbinden: die Entfernung bestimmter Organe am Schirmrand — bei den bekannten großen Quallen sind es 8 —, die unter anderem durch größere Ansammlungen von Nervenzellen ausgezeichnet sind. Im übrigen ist der ganze Schirm von einem feinmaschigen Netz von Nervenzellen durchsponnen, die unter sich und mit Sinnes- und Muskelzellen

86

in vielfacher Verbindung stehen. Das Ausfallen des Rhythmus bei Fehlen der Nervenzellhaufen beweist, daß der Rhythmus nicht in den Muskeln selber liegt; er wird ihnen vielmehr aufgezwungen dadurch, daß von den Nervenzellen rhythmisch an die Muskelzellen Anregungen abgegeben werden. Dies Verhalten liegt nun einmal im Wesen der Nervenzelle, ohne daß man bisher eine befriedigende Erklärung dafür geben kann. Der Rhythmus ist also dem Tier gleichsam eingeboren. Das läßt sich am besten, ja bis in Einzelheiten vergleichen mit dem rhythmischen Schlag unseres Herzens, das auch im Grund genommen unabhängig arbeitet, seinen Rhythmus in sich trägt. Man kann z. B. auf frühen Entwicklungsstadien eines Hühnchens Zellen, die später einmal das Herz bilden werden, herausnehmen und in einer geeigneten Nährlösung sich entwickeln lassen; sie vermehren sich, bilden einen röhren- oder bläschenförmigen Verband, der nach einiger Zeit rhythmisch zu pulsieren beginnt.

Die Tatsache, daß der Rhythmus einem Organ von Haus aus innewohnt, schließt nicht aus, daß er von außen her beeinflußt werden kann. Jeder weiß, daß der Herzschlag sich bei seelischer Erregung oder schwerer Arbeit ändert. So kann sich auch die Schlagfolge der Qualle ändern, und damit besonderen Bedingungen anpassen; sie kann nicht nur schneller und langsamer werden, sondern bei manchen Arten kann auch bei Schieflage der untere Schirmrand einen ausgiebigeren Schlag machen, was ein Aufrichten zur waagerechten Normallage zur Folge hat. Zur Wahrnehmung der Schieflage sind besondere Sinnesorgane vorhanden.

Taucher.

Es gibt Tiere, die mehr oder weniger gut in beiden Elementen, in Luft und Wasser, zu Hause sind. Auf einer Reise über den Atlantik oder auch schon im Mittelmeer begegnen uns die fliegenden Fische, die, getrieben von dem starken Schwanzpropeller, über die Wasseroberfläche hinausschießen, dann ihre langen Brustflossen entfalten und im Gleitflug recht weite Strecken bewältigen können, ohne eigene Flossenbewegung, aber wahrscheinlich gelegentlich unter Ausnutzung von Aufwinden an Wellenbergen. Und doch ist ohne Zweifel das Wasser ihr eigentliches Lebenselement.

Die Larven mancher Insekten sind reine Wasserbewohner (Eintagsfliegen, Libellen, Köcherfliegen, Stechmücken), während die geschlechtsreifen Stadien sich nur in der Luft bewegen. Aber bei Wasserkäfern (z. B. Gelbrand) leben Larven und geschlechtsreife Tiere im Wasser und sind beide für die Bewegung im Wasser mit geeigneten Organen ausgestattet; gleichwohl besitzt das Volltier Flügel und beherrscht im Flug den Luftraum. Es besteht nur eine Schwierigkeit, auf die wir oben schon hinwiesen: der Käfer muß für die Atmung Luft mit ins Wasser nehmen, er wird dadurch zu leicht und muß durch kräftige Schwimmbewegungen gegen den Auftrieb ankämpfen. In der gleichen Lage sind viele Wasserwanzen. Es ist nun einmal nicht ohne Zugeständnisse möglich, in beiden Elementen zu Hause sein zu wollen. Man kann die Frage also so stellen: Wie wird dem Bewohner des Luftraumes ein Eindringen in den Wasserraum, also ein Tauchen, möglich?

Abb. 60. Leicht wie ein Federball liegt die Lachmöwe auf dem Wasser. (Phot. E. Schuhmacher, München.)

Besonders unter den Vögeln kann man an einer Reihe von Formen sehr schön beobachten, wie die Schwierigkeiten, die dem Tauchen entgegenstehen, mehr und mehr überwunden werden, wie sich Anpassungen an das Leben auf und in dem Wasser herausbilden.

Wie leichte Federbälle liegen die Möwen auf dem Wasser (Abb. 60), nur mit einem kleinen Teil ihres Körpers eintauchend. Sie sind ausgesprochene Flieger; die Wasseroberfläche ist ihr Rastplatz. Ähnlich steht es mit ihren Vettern, den Seeschwalben. Aber diese haben schon gelernt, im Sturzflug wenigstens eine kurze Strecke ins Wasser einzudringen und ein Fischchen zu erhaschen. Aber es fällt ihnen sichtlich

88

schwer. Sie sind nicht dazu geschaffen, und von einem richtigen Tauchen kann bei ihnen nicht die Rede sein.

Unter einer Schar Hausenten oder -gänse, die ruhig auf einem Tümpel schwimmen, bricht aus einem unerfindlichen Grunde plötzlich eine Panik aus; mit heftigen Flügelschlägen fahren sie über die Oberfläche dahin, versuchen dauernd zu tauchen. Aber sie kommen kaum 10 cm unter die Wasseroberfläche, tauchen immer wieder wie ein Gummiball auf. Wollen sie unter Wasser Nahrung suchen, so können sie das

Abb. 61. Der Haubentaucher liegt mit seinem schweren Körper tief im Wasser.

nur durch Gründeln: Vornüberkippen des Körpers, dessen Hinterhälfte dabei über Wasser bleibt. Genau wie das zahme Geflügel machen es viele Wildenten oder -gänse.

Aber es gibt Arten von Wildenten, die sich regelmäßig durch Tauchen die Nahrung aus Tiefen von einigen Metern holen. Das sind die sogenannten Tauchenten (z. B. Reiherente, Tafelente). Ihnen tun es gleich die häufigen Bläßhühner, die gleichsam mit einem kleinen Hupser vornüber in die Tiefe kippen. Aber sie sind doch noch Stümper gegen die eigentlichen Taucher (z. B. Haubentaucher, Zwergtaucher, Abb. 61), deren Körper tiefer im Wasser liegt und beim Tauchen wie weggewischt in das Wasser gleitet und meist weit von der Eintauchstelle entfernt erst wieder hochkommt. Man kann auch wohl beobachten, wie ein Taucher bei heran-

nahender Gefahr tiefer und tiefer einsinkt, ehe er kopfvoran
wegtaucht. Er kann seinen Körper also leichter und schwerer
machen, vielleicht durch wechselnden Luftgehalt der Lungensäcke.

Alle diese Vögel können noch fliegen, wenn auch ohne Zweifel Möwen und Seeschwalben viel elegantere Flieger sind als
unsere Taucher. Die Anpassungen an das Wasserleben haben
die Taucher doch noch nicht ganz dem ursprünglichen Be-
wegungsraum entfrem-
den können.

Einen Höhepunkt der
Entwicklung auf das Le-
ben im Wasser hin stel-
len die Pinguine dar
(Abb. 62), die, wenn
auch auf andere Weise
als unsere beinrudernden
heimischen Taucher, zu
vollendeten Beherrschern
des Wassers wurden; sie
gaben das Fliegen in der
Luft gänzlich auf und
bildeten ihre Flügel zu
Ruderflossen um.

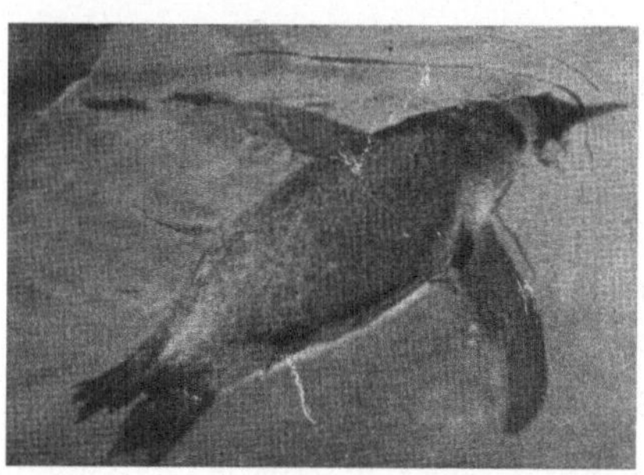

Abb. 62. Königspinguin, an der Wasseroberfläche schwimmend; nur der Rücken
schaut aus dem Wasser, die Beine sind nach
hinten gestreckt, zum Rudern dienen die
Flügel.

Das Tauchen ist zunächst einmal eine Frage des spezifischen Gewichts. Für das Fliegen soll der Körper möglichst
leicht sein, das spezifische Gewicht also möglichst weit unter 1
bleiben. Für die Bewegung im Wasser aber ist es am besten,
wenn der Körper gerade so schwer wie das Wasser wird.
Man findet folgende Angaben über das spezifische Gewicht
von Wasservögeln: Schwan, Gans, Ente, Möwe, Seeschwalbe:
0,3 (doch gibt Heinroth in Bd. 34 dieser Sammlung für
einen Stockentenerpel mit Federn 0,6, ohne Federn 0,91
an); Bläßhuhn (mit angelegten Flügeln, unter denen sich
also wohl etwas Luft befindet): 0,4; Kormoran: 0,5; Haubentaucher: 0,9; Pinguin: 0,98. Es ist gewiß außerordentlich schwer, das spezifische Gewicht eines befiederten Vogelkörpers zu bestimmen. Deshalb sind die angegebenen Werte

nicht zahlenmäßig genau zu nehmen, sondern nur der
Größenordnung nach. Aber klar ist doch, daß die immer
bessere Beherrschung des Wasserraumes einhergeht mit
einer immer stärkeren Unterdrückung des Gewichtsunter-
schiedes zwischen Vogelkörper und Wasser. Höhepunkte
der Anpassung auch in dieser Hinsicht sind Taucher und
Pinguin. Schwerer wird der Vogelkörper einmal dadurch,
daß die Knochen weniger stark von luftgefüllten Hohlräumen durchsetzt werden. Das gilt schon innerhalb der
Entengruppe: Tauchenten haben schwerere Knochen als
Schwimmenten. Taucher und Pinguine haben ganz luftfreie
Knochen. Demgegenüber ist bei so ausgesprochenen Ober-
flächenschwimmern wie Gänsen, Pelikanen, Schwimmenten
der Luftgehalt der Knochen unter Umständen sehr groß. Sie
können überhaupt nicht untergehen, aber auch nicht oder
sehr schlecht tauchen.

Das andere Mittel, den Körper schwerer zu machen, besteht darin, den Luftgehalt des Gefieders herabzusetzen.
Denn die im Gefieder festgehaltene Luft ist es vor allem,
die dem Vogelkörper als Ganzem ein so verhältnismäßig geringes Gewicht verleiht, was aus der obenerwähnten Angabe
von Heinroth für eine Stockente ohne weiteres hervor-
geht. Ohne Gefieder ist der Vogelkörper trotz des Luftgehal-
tes der Knochen oft noch schwerer als Wasser. Je besser aber
der Vogel taucht, desto mehr legt sich das Federkleid an den
Körper; die Federn sind bei den Haubentauchern und noch
mehr bei den Pinguinen haarartig zerfasert, an den Flügeln
der Pinguine stellenweise sogar zu schuppenartigen Gebilden
geworden.

In Norddeutschland nennt man die Haubentaucher auch
wohl „Sleephack“ oder „Arsfoot“; auf hochdeutsch bedeutet
„Steißfuß“ das gleiche. Es wird damit ausgedrückt, daß die
Beine — es sind fast nur der Lauf und die Zehen — sehr weit
hinten am Körper frei werden. Nun schwimmen diese Tiere
aber ausschließlich mit den Beinen, deren Zehen mit lappen-
förmigen Anhängen zur Vergrößerung der Ruderfläche versehen sind; nahe verwandte Formen, die Seetaucher, besitzen sogar vollständige Schwimmhäute. Der Antrieb, unter

Wasser links und rechts gleichzeitig, erfolgt also sehr weit hinten.

Er erfolgt aber auch sehr weit rückseitig. Denn die durch den Stoß der Beine erzeugte Kraft greift dort im Körper an, wo die Beine verankert sind, das ist zunächst im Hüftgelenk, das ganz am Rücken auf der Höhe der Wirbelsäule liegt (Abb. 64). Das ist für den Taucher von einer besonderen Bedeutung deshalb, weil sein Vorderkörper leichter ist als der mit den mächtigen Beinmuskeln belastete Hinterkörper; der Schwerpunkt liegt also ziemlich weit hinten. Eigentlich müßte es daher dem Vogel schwer werden, in die Tiefe zu kommen; der Vorderkörper möchte sich ständig aufrichten. Wegen der rückseitigen Lage des Hüftgelenkes macht aber der Körper bei jedem der sehr schnell aufeinanderfolgenden Schwimmstöße eine Kippbewegung vornüber. Gefördert wird diese Tiefensteuerung noch wesentlich durch die eigentümliche Beinhaltung beim Schwimmstoß. Im Augenblick des Stoßes (Abb. 63) stehen nämlich die Beine weit auswärts gegrätscht und so aufwärts gedreht, daß die Zehen fast nach oben schauen. Lauf und Zehen erscheinen, von der Seite gesehen, weit über dem Rücken. Wie kommt diese merkwürdige Stellung zustande?

Schon in der Ruhehaltung sind die Taucherbeine etwas auswärts gegrätscht. Vor dem Schwimmstoß wird das Bein vorgebracht, wobei sich die Gelenke stärker beugen. Der Wasserwiderstand ist dabei so gering, da der Lauf, seitlich stark zusammengedrückt, vorn mit einer scharfen Kante versehen ist; die Fußlappen sind an die nicht gespreizten und etwas gekrümmten Zehen angelegt. Die nächste Bewegung ist nun nicht das Strecken, sondern ein Auswärtsrollen des Unterschenkels im Kniegelenk um etwa 90°. Dadurch kommt es, daß der Lauf schief nach oben außen gerichtet ist. Erst jetzt erfolgt die heftige Streckung vor allem des Gelenkes zwischen Unterschenkel und Lauf. Dann wird der Unterschenkel zurückgedreht und wieder in die Ausgangsstellung gebracht.

Eine so sonderbare Bewegung setzt einen passenden Skelettbau voraus. Gelenkhöcker und Gelenkpfanne am Knie

stehen so, daß die ausgiebige Drehbewegung stattfinden
kann. Bei allen Tauchern aber fällt ein hoher Knochenzapfen
am Schienbein auf (Abb. 64), der das Kniegelenk weit nach

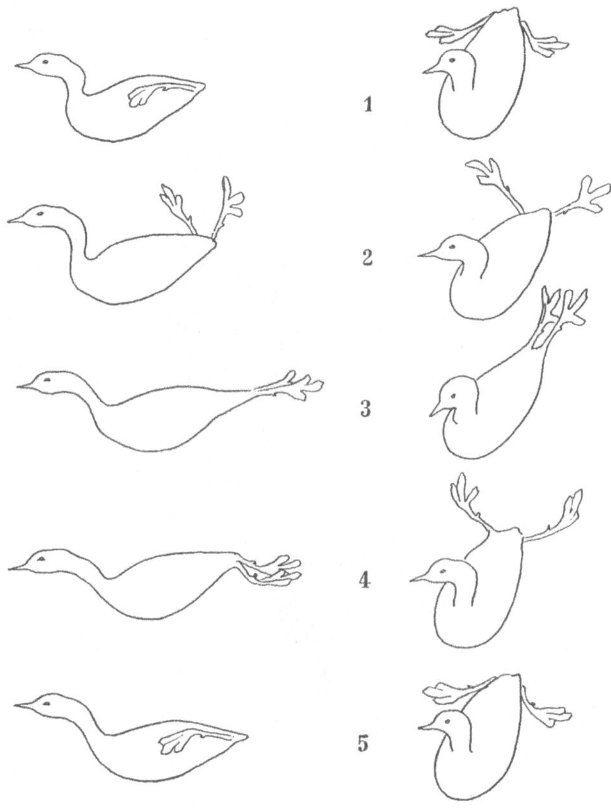

Abb. 63. Beinbewegungen beim Tauchen eines Tauchers, links von der Seite,
rechts schief von oben gesehen. 1. Ruhehaltung. 2. und 3. Tauchstoß unter
Auswärtsdrehung der Beine. 4. Zurückdrehen der Beine, Rückkehr in die
Ruhehaltung 5.

vorn überragt. Er besteht bei den Seetauchern (*Colymbus*)
aus einem Fortsatz des Schienbeins, bei den Haubentauchern
(*Podiceps*) aber aus der am Schienbein festgewachsenen,
stark vergrößerten Kniescheibe. An diesen Zapfen setzt sich

93

außer anderen, vom Oberschenkel kommend, der Muskel
an, der neben der Streckung des Kniegelenkes vor allem
die Auswärtsdrehung des Schienbeines besorgt. Bei nahe
verwandten Arten wird also ganz das gleiche auf verschiedenem Wege erreicht; die merkwürdige Verwendung der Knie-

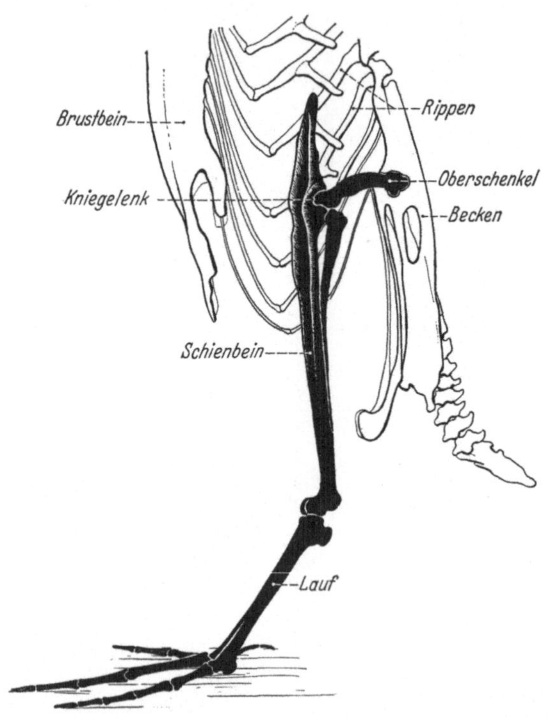

Abb. 64. Skelett des linken Beines eines Polar-Tauchers. Beachte den
Knochenzapfen am Schienbein, der das Kniegelenk nach oben überragt.

scheibe im Dienst des Tauchens steht ganz einzig da. Für
den eigentlichen Schwimmstoß liegen die starken Muskeln,
die den Lauf zu strecken haben, am Unterschenkel. Auch
für sie ist der Schienbeinknochenzapfen, besonders dessen
Vorderseite, vortrefflich als Ansatzfläche geeignet. In ihrer
Massigkeit kommt ihre hervorragende Aufgabe zum Aus-

94

druck: der Hauptstreckmuskel allein macht bei den Tauchern schon etwa ein Drittel des Gesamtgewichts der Beinmuskel aus.

Die Folge dieser Beinstellung beim Tauchen ist, daß der Körper schief nach vorn unten in die Tiefe gezwungen wird. Da der Vogel außerdem seine Beinhaltung ändern kann, ist mit der Richtung der Tauchstöße zugleich eine Tiefensteuerung verbunden.

Wenn wir noch hinzufügen, daß der ganze Taucherkörper schmal torpedoartig durchmodelliert ist, verstehen wir seine hervorragende Tauchfähigkeit. Der Taucher kann zwar noch fliegen, bedient sich des Flugvermögens aber nicht gerade häufig. Aber es gab einmal eine Taucherform, bei der die Anpassung an das Wasserleben sogar zu weitgehender Rückbildung der Flügel geführt hat. Das war der Fall bei *Hesperornis*, einem Tauchvogel der Kreidezeit. Soll man sich nicht darüber wundern, daß es bereits so nahe der Ursprungszeit der Vogelwelt überhaupt eine so einseitig angepaßte Form gab?

Wir hatten unsere Taucher als Beispiel für eine Anpassungsform genommen. Wir hätten uns ebensogut an andere Formen halten können. Ähnlich und doch wieder etwas abweichend tauchen z. B. die Kormorane. Ihre Fähigkeiten werden noch heute in Japan und China, wurden früher an europäischen Adelshöfen erwerbsmäßig und sportlich zum Fischfang ausgenützt.

Eine ganz andere, in ihrer Art aber ebenfalls vollendete Anpassungsform stellen die Pinguine dar. So unbeholfen gravitätisch sie in ihrer aufrechten Haltung und mit ihrem watschelnden Gang auf dem Lande erscheinen, so elegant und selbstverständlich bewegen sie sich im Wasser. Dabei werden die kurzen Beine, zu einer Steuerfläche zusammengelegt, nach hinten gehalten. Denn bei ihnen sind die Flügel (Abb. 65) der Motor, der den strömungstechnisch überaus günstig gebauten Rumpf mit Geschwindigkeiten bis zu zehn Sekundenmetern dahintreibt.

Der Pinguinflügel ist zu einer schmalen, flachen Flosse geworden. Es fehlen gänzlich die Schwingen. Die Ruderfläche kommt vielmehr dadurch zustande, daß alle Knochen stark abgeflacht sind. Mit diesem Schwimmflügel fliegt der Pinguin gleichsam durchs Wasser. Der Flügel wird dabei, im Gegensatz zum Luftflieger, mehr von vorn nach hinten als von oben nach unten geführt. Durch Drehung um die Längsachse bewegt er sich beim Vorschlag mit der scharfen Kante, beim Rückschlag aber mit der Fläche voran. Dabei folgen sich die Schläge auch bei großen Arten sehr schnell; es wurden beim großen Königspinguin etwa 120 Flügelschläge in der Minute, bei kleineren Arten an die 200 gezählt. Sicherlich aber sind Zahl und Ausgiebigkeit der Schläge ganz den jeweiligen Verhältnissen angepaßt.

Abb. 65. Ein Königspinguin mit seinem Jungen. Beachte die kleinen Federn und das Fehlen der Schwingen am Flügel. (Presse-Photo, Berlin.)

Die Schweber.

In unseren Süßwasserteichen lebt ein winziges, amöbenartiges, einzelliges Wesen (*Arcella*, Abb. 66), das in einem flachen, selbstgebauten Haus wohnt. Durch eine Öffnung an der Unterseite des Hauses streckt es die plasmatischen Scheinfüßchen hervor und kriecht mit ihnen auf der Unterlage entlang. Nun kann es wohl vorkommen, daß das Tierchen von der Unterlage abgehoben wird und auf den flachgewölbten Rücken fällt. Das ist insofern ein Unglück, als es sich ebenso-

96

wenig wie eine auf den Rücken gelegte Schildkröte in die
Normallage zurückstrampeln kann. Aber nun geht etwas
sehr Merkwürdiges vor sich: im Zelleib entstehen, gewöhnlich
auf einer Seite, winzige Gasblasen; diese werden größer,
heben das Tier auf ihrer Seite hoch, so daß es auf die Kante
zu stehen kommt und die
Scheinfüßchen den Unter-
grund zu greifen vermögen.
Das Tier kann die Normal-
lage wieder einnehmen; die
überflüssig gewordenen
Gasblasen verschwinden.

Dies Tierchen ist zweifel-
los kein Bewohner des freien
Wasserraumes. Aber es
zeigt uns, wie ein schwerer
Körper leicht gemacht werden kann: durch Einlage-
rung einer genügenden
Menge eines sehr leichten
Stoffes, so daß das spezifische Gewicht des Körpers
gleich dem des Umwelt-
stoffes wird. Lebewesen,
die auf solche Weise ihr
Gewicht gleich dem des
Wassers machen, wollen
wir als „Schweber“ im
eigentlichen Sinne des
Wortes bezeichnen.

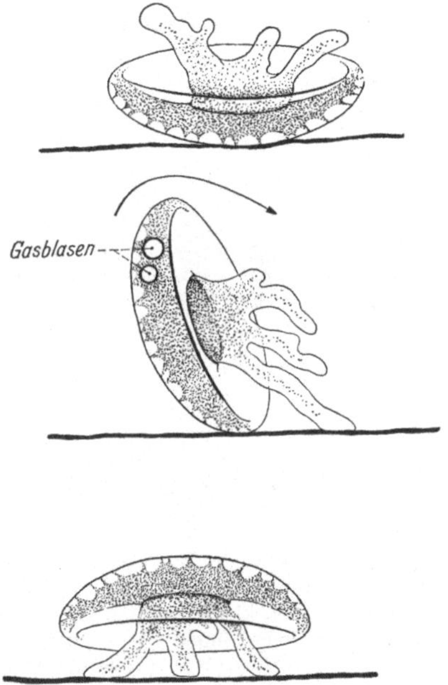

Abb. 66. Das Schalentierchen *Arcella*,
auf den Rücken gefallen, richtet sich mit
Hilfe von Gasblasen wieder auf.

Hier liegen nun offensichtlich die Verhältnisse für die
Wasserbewohner viel günstiger als für die Luftbewohner.
Denn es gibt viele Stoffe, die leichter sind als Wasser und
daher zur „Ballonfüllung“ benutzt werden können; aber es
gibt in der natürlichen Umwelt kaum Gase, die leichter sind
als die Luft. Wir freilich füllen unsere Ballons mit Wasser-
stoff oder Helium. Aber es ist kein Lebewesen bekannt, das
nach dem gleichen Verfahren arbeitet. Luftgefüllte Räume

im Innern von Vögeln und Insekten können den Körper wohl
verhältnismäßig leicht machen, ihn aber niemals zum Schweben bringen. Es gibt daher keine echten Schweber im Luftraum, wohl aber eine ganze Anzahl im Wasserraum. Doch
der Vollkommenheitsgrad ist ein sehr verschiedener.

Gelegenheitsschweber.

Viele Wasserbewohner sind Luftatmer und müssen daher
in ihren Atmungsorganen stets einen gewissen Luftvorrat
mitführen. Dahin gehören manche Wasserschnecken, viele

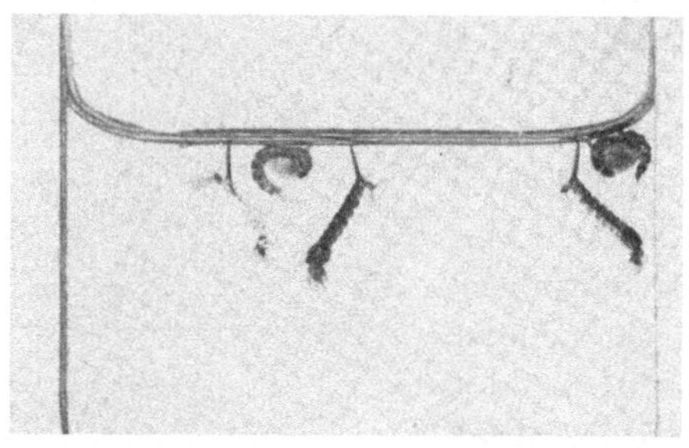

Abb. 67. 2 Larven und 2 Puppen der Stechmücke, die Larven kopfunter
zur Luftaufnahme am Wasserspiegel hängend; die gekrümmten Puppen
atmen durch zwei kleine Hörnchen dicht hinter dem Kopf. Links von der
linken Puppe hängt noch die leere Larvenhaut, aus der sie soeben aus-
geschlüpft ist.

Wasserinsekten, erwachsene Amphibien, manche Kriechtiere
(Wasserschlangen, Seeschildkröten) und die Wassersäuge-
tiere (Robben, Wale). Es ist selbstverständlich, daß der Gas-
vorrat in den Atmungsorganen das Übergewicht des Körpers
herabsetzt. Viele Wasserinsekten müssen, wie wir schon er-
wähnten, zum Luftholen regelmäßig an die Wasseroberfläche. Sie nehmen zwischen den Haaren der Körperoberfläche, die Käfer unter den Flügeldecken einen Luftvorrat
in die Tiefe mit; der ist so groß, daß sie sogar leichter werden als das Wasser. Sie haben Mühe genug, sich mit
Schwimmbewegungen unter Wasser zu halten, und müssen
sich zum Ausruhen an irgendwelchen Gegenständen fest-

halten, wenn sie sich nicht einfach zur Wasseroberfläche auftreiben lassen wollen.

Auch manche Insektenlarven müssen zur Ergänzung ihrer Atemluft regelmäßig zur Wasseroberfläche. In einer vernachlässigten Regentonne kann man im Sommer gewöhnlich ein dichtes Gewimmel von Mückenlarven und -puppen finden. Im Gegensatz zu Wasserwanzen und -käfern nehmen diese Tiere den Luftvorrat im Innern ihres Körpers mit; sie brin-

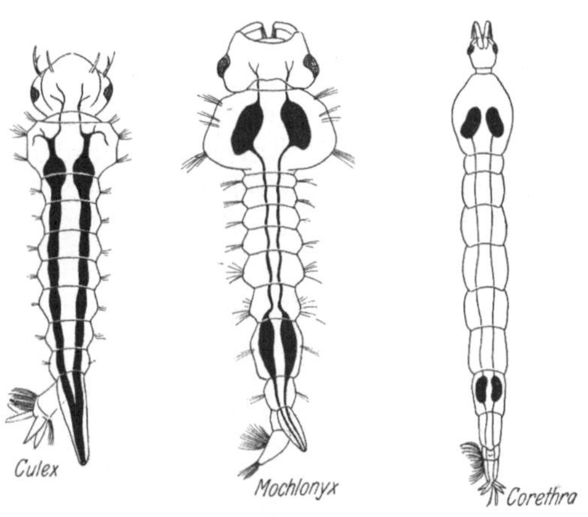

Abb. 68. 3 verschiedene Mückenlarven, vom Rücken her gesehen; die Hauptstämme der Atemröhren schwarz. Links: *Culex*; Mitte: *Mochlonyx*; Rechts: *Corethra*. Rückbildung der Atemröhrenlängsstämme zugunsten von Schwimmblasen.

gen die offenen Mündungen ihrer inneren Atemröhren (Tracheen) mit der Luft in Berührung (Abb. 67), die Larven am Hinterende des Körpers, die Puppen mit den beiden Hörnchen am Hinterende des Kopfes. Als Hauptvorratsraum für die Luft dienen bei den Larven die beiden mächtigen Atemröhrenlängsstämme, die den Körper von hinten nach vorne durchziehen (Abb. 68).

Man kann nun an manchen Mückenlarven sehr schön verfolgen, wie das System der Luftröhren seine ursprüngliche Aufgabe als Atmungsorgan verliert und zu einem Schwebeorgan wird; wie also die Nebenerscheinung — Verringerung

des Übergewichts durch die Atemgase im Körper — zur
Hauptaufgabe wird. Bei den Larven unserer Stechmücke
(*Culex*, Abb. 68) haben die Tracheenlängsstämme überall
annähernd die gleiche Stärke; sie geben viele Seitenzweige ab,
durch die die Organe mit Sauerstoff versorgt werden. Die
Haltung im Wasser ist senkrecht kopfunter, da der Schwerpunkt dem dickeren Vorderende nahe liegt. Bei den Larven
der Gattung *Mochlonyx* sind die Hauptstämme vorne und
hinten im Körper erweitert; das Tracheensystem ist im übrigen noch ganz gut ausgebildet. Bei der Gattung *Corethra*
endlich sind die beiden Hauptstämme zu ganz dünnen Strän-
gen geworden, die von ihnen abgehenden Seitenzweige sind
weitgehend rückgebildet; im Hinter- und Vorderkörper aber
sind die Längsstämme zu je zwei großen Gasblasen aufge-
bläht, die lediglich die Aufgabe haben, den Körper im Wasser in waagerechter Lage in der Schwebe zu halten. Die Atmung erfolgt quer durch die Körperhaut hindurch. Wir
werden später sehen, wie fein durchgebildete Schwebeeinrich-
tungen diese Gasblasen sind.

Die meisten unserer Süßwasserschnecken sind Lungen-
atmer; sie füllen an der Wasseroberfläche die Lungenhöhle,
die wie bei der Weinbergschnecke rechts vorn am Körper
nach außen mündet, in regelmäßigen Abständen mit frischer
Luft. Sie müssen also, wenn sie z. B. am Boden eines flachen Gewässers umherkriechen, zur Oberfläche zurück. Gewöhnlich kriechen sie an Wasserpflanzen in die Höhe.
Manche aber steigen wie ein Ballon auf, indem sie durch aktive Erweiterung der Lungenhöhle für den nötigen Auftrieb
sorgen. Denn das spezifische Gewicht eines Körpers hängt ja
bei gleichbleibendem Gewicht von dem Raum ab, den der
Körper einnimmt; wird durch Vergrößerung des Lungenraumes der Gesamtkörper größer (bei unverändertem Gewicht), so wird sein spezifisches Gewicht und damit das Übergewicht gegenüber dem Wasser kleiner; und umgekehrt.
Wir kommen später (S. 116) noch auf diese Erscheinungen
zurück.

Wenn man einmal gesehen hat, mit welcher Leichtigkeit
ein Tümmler oder ein Seehund den Wasserraum beherrscht,

muß man die Überzeugung gewinnen, daß diese Tiere den Lungenraum in ihrem Körper zum Ausgleich der Schwere wohl zu benutzen wissen. An den Seehunden des Helgoländer Aquariums ließ sich leicht feststellen, daß sie manchmal etwas schwerer, manchmal etwas leichter sind als das Wasser. Sie können sich ruhend bewegungslos unter die Wasseroberfläche oder an den Boden des etwa 2 m tiefen Beckens legen; ihr spezifisches Gewicht ist also, ähnlich wie das des Pinguins, nicht weit von dem des Wassers entfernt.

Wenn sich die Kröten und Frösche zur Laichzeit im Wasser aufhalten, kann man sehr schön beobachten, wie auch sie sich mit Hilfe ihrer Lungen bald schwerer, bald leichter als das Wasser machen können. Das gleiche kann man gelegentlich an ihren Larven, den Kaulquappen, sehen.

Echte Schweber.

In den zuletzt genannten Fällen sind die Lungen sicherlich erst in zweiter Linie Schwebeorgan. Aber wir kennen bei einer Reihe von Tieren Einrichtungen, die wirklich nur den Sinn haben, das Übergewicht zu beseitigen und das Absinken im Wasser zu verhindern. Das muß durchaus nicht immer durch Gas geschehen.

Staatsquallen.

Zu den reizvollsten Bewohnern warmer Meere gehören die Röhren- oder Staatsquallen (*Siphonophoren*). Es sind meist glasklar durchsichtige Tiere von höchst verwickeltem Bau (Abb. 69). Allen gemeinsam ist ein meist langgestreckter, röhrenförmiger, muskulöser Stamm, der der Träger ist für eine Vielzahl verschiedengestaltiger Organe; wir finden medusenartige Schwimmglocken am oberen Ende, polypenartige Freßstücke in regelmäßigen Abständen verteilt, in ihrer Nähe lange, kontraktile Fangfäden, die mit knotenförmigen Nesselkapselbatterien besetzt sind; jede Nesselkapsel trägt aufgerollt in ihrem Innern einen Faden, der auf Reize hin ausgeschleudert wird und die Beute, z. B. einen kleinen Krebs,

lähmt und festhält, so daß sie den Freßstücken zugeführt
werden kann. Wir finden ferner am Stamm Träger von Ge-
schlechtsorganen und schließlich eine mehr oder weniger

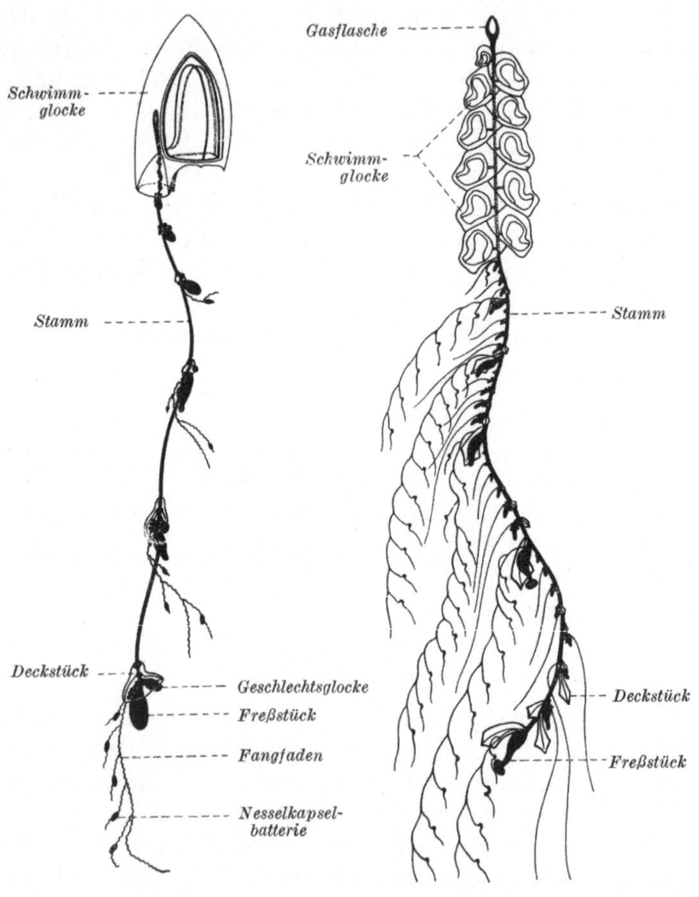

Abb. 69. Aufbau der Staatsquallen, vereinfacht. Links eine Form ohne
Gasflasche, rechts eine Form mit Gasflasche.

stattliche Zahl blattförmiger Deckstücke, die ebenso wie die
Wände der Schwimmglocken aus einem gallertartigen Stoff
bestehen.

Abb. 70 zeigt das Pferdehuftierchen *(Hippopodius)*, dessen kurzer Stamm eine Anzahl pferdehufförmiger Schwimmglocken verschiedener Größe, d. h. verschiedenen Alters, trägt, die in eigentümlicher Weise so ineinandergeschachtelt sind, daß eigentlich nur die beiden äußersten und größten durch Kontraktion des Glockenrandes für das aktive Schwimmen geeignet sind. Das Tierchen ist überhaupt sehr träge. Es schwebt, wenn man es in Ruhe läßt, vollkommen frei und ruhig im Wasser, wobei die Fangfäden lang herabhängen. Das Schweben wird ermöglicht durch die Schwimmglocken, die zum größten Teil aus Gallerte bestehen. Eine losgelöste Glocke steigt, da sie leichter ist als das Wasser, an die Oberfläche empor. Der Stamm aber mit den daranhängenden Freßstücken und Fangfäden ist schwer und sinkt zu Boden.

Ein wenig anders verhält sich *Galeolaria* (Abb. 71). Am Vorderende des sehr langen Stammes sitzen meist zwei verhältnismäßig große Schwimmglocken mit tiefer Schwimmhöhle. Am Stamm aber steht aufgereiht eine

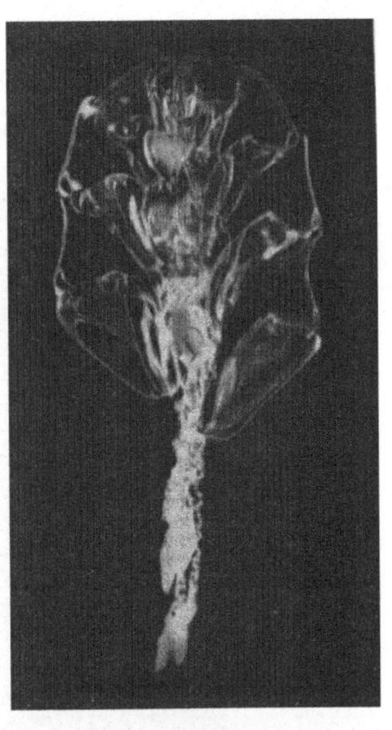

Abb. 70. Das Pferdehuftierchen *Hippopodius*, eine Staatsqualle; natürliche Länge des Schwimmglockenteils 1$^{1}/_{2}$—2 cm.

große Zahl sogenannter Stammgruppen, vorn die jüngsten, jede aus einem Freßstück, Fangfaden, Geschlechtsorganträger und einem das Ganze mantelartig umhüllenden, gallertigen Deckstück bestehend. Auch dies Tier schwebt in der Ruhe frei im Wasser. Von dem meist girlandenartig waagerecht liegenden Stamm hängt der Wald der ständig sich verkürzenden und wieder streckenden Fangfäden herab, ein reizvolles Bild. Nur das vorderste Stammende mit den noch jungen Stammgruppen, die dicht hinter den Schwimmglocken durch

Knospung ständig neu entstehen, hängt nach unten durch.
Wenn man das Tier zergliedert, stellt sich auch hier heraus,
daß es Körperteile gibt, die schwerer sind als das Meer-
wasser, andere aber, die leichter sind und dem Ganzen das
Schweben ermöglichen. Zu den leichten Teilen gehören die
Schwimmglocken und die Deckstücke der älteren Stamm-

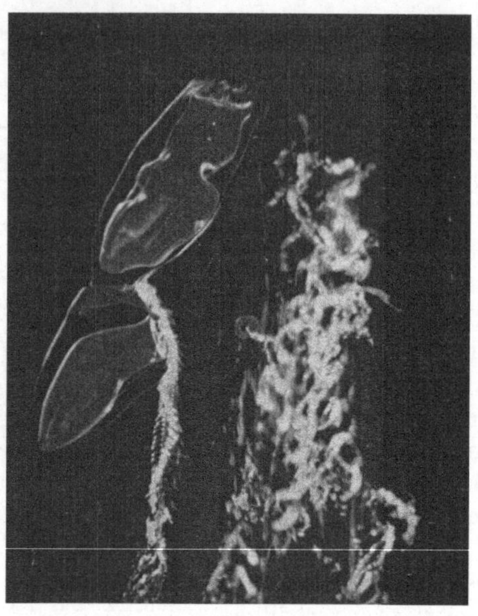

Abb. 71. *Galeolaria*, eine Staatsqualle mit 2 großen Schwimmglocken und
einem langen, girlandenartig im Wasser liegenden Stamm (man sieht nur
wenig von ihm), der mit zahlreichen Stammgruppen besetzt ist. Der Vor-
derteil des Stammes hängt von den Glocken herab; rechts neben den Glocken
ein weiter hinten gelegener Teil des Stammes.

gruppen. Jede einzelne Stammgruppe (Abb. 72) kann für
sich im Wasser schweben, getragen von dem Deckstück.
Auch hier bestehen Deckstücke und Schwimmglockenwände
wiederum aus gallertartigem Stoff.

Wie ist es möglich, daß die Gallerte leichter ist als das
Meerwasser? Wir wissen das noch nicht genau und müssen
einstweilen die Tatsache als gegeben hinnehmen. Wir werden

aber bald sehen, wie es möglich ist, daß ein wässeriger Stoff leichter wird als Meerwasser.

Wir führten nur zwei Beispiele aus der Gruppe der Röhrenquallen an. Aber es scheint, daß Schweben mit Hilfe von leichter Gallerte bei Meerestieren recht weit verbreitet ist. Denn es ist auffallend, wie riesige Gallertmassen manchmal am Körperaufbau von Meerestieren beteiligt sind, so bei anderen Quallen, bei Manteltieren, bei manchen Weichtieren,

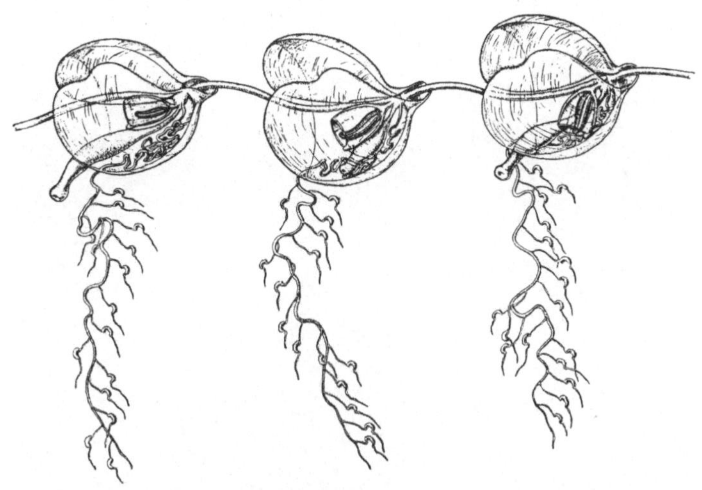

Abb. 72. 3 Stammgruppen der Staatsqualle *Galeolaria*, jede Stammgruppe mit Freßstück, Fangfaden, Geschlechtsglocke und einem alles umhüllenden gallertigen Deckstück, das leichter ist als Wasser.

soweit sie Bewohner des freien Wasserraumes sind. Aber man muß jede Tierart für sich untersuchen und darf nicht verallgemeinern. Denn von manchen großen Schirmquallen ist bekannt, daß sie trotz ihres dicken Gallertschirmes etwas schwerer sind als das Meerwasser.

Bei Süßwasserbewohnern schließlich ist diese Art des Schwebens bisher nicht sicher bekannt. Süßwasser ist wegen seiner Salzarmut ja erheblich leichter als Meerwasser; die Gallerte müßte also im Süßwasser noch bedeutend leichter sein als im Meerwasser. Das aber ist offenbar unmöglich, da

sie ja außer Wasser stets auch eine gewisse Menge anderer
Stoffe enthält (z. B. Eiweiß), die schwerer sind als Wasser.

Radiolarien.

Nicht weniger reizvoll als die Staatsquallen ist das Heer
der Radiolarien. Das sind winzig kleine, mit bloßem Auge

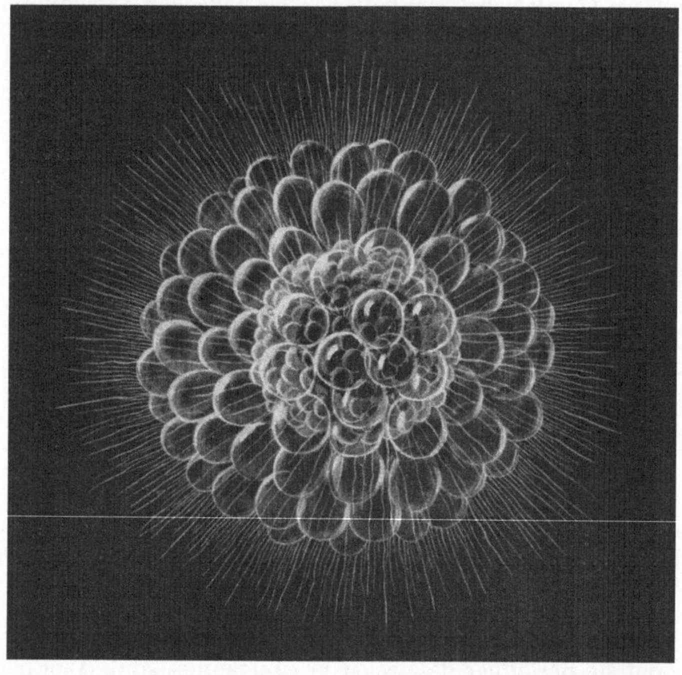

Abb. 73. Das Schaumtierchen *Thalassicola*, ein skelettloses Radiolar. Die
dunkle Zentralkapsel ist von einem Bläschenmantel umgeben, der dem Tier
das Schweben im Wasser ermöglicht.

gerade noch sichtbare einzellige Tierchen, von denen die meisten durch ihre zierlichen und äußerst mannigfaltigen Ske-
lettbildungen immer wieder das Entzücken des Beschauers
erregen. Den Radiolarien fehlt jedes Organ zur aktiven Orts-
bewegung. Wie ist es möglich, daß sie trotz des schweren
Skeletts im Meer zu schweben vermögen?

Auch sie besitzen Schwebeorgane. Abb. 73 zeigt uns eine Form, in diesem Falle ohne Skelett – sie heißt *Thalassicola* –, bei der man die Art des Schwebens recht genau untersucht hat. Auffallend ist, daß um einen zentralen Körperteil herum ein dicker Mantel gelagert ist, der aus einer Unzahl von Bläschen besteht; die Wand jedes einzelnen Bläschens besteht aus Protoplasma, der Bläscheninhalt aber aus einer wässerigen Flüssigkeit. Wir haben also das vor uns, was man einen Schaum nennt, ein inniges Gefüge zweier Stoffe, die sich nicht miteinander mischen. Beim Bier- oder Seifenschaum z. B. handelt es sich um ein Gefüge von Gasbläschen in einer Flüssigkeit.

Wenn das Tierchen im Wasser schwebt, trägt es einen umfangreichen Bläschenmantel; reizt man es, z. B. durch längeres Schütteln, so sinkt es bald zu schwer zu Boden, zugleich stellt man fest, daß der Bläschenkranz kleiner geworden ist; es sind weniger und kleinere Bläschen vorhanden. Läßt man es jetzt in Ruhe, so wird man den Bläschenkranz allmählich sich wieder vervollkommnen und zugleich das Tierchen langsam aufsteigen sehen.

Die Bedeutung des Bläschenkranzes für das Schweben zeigt sich noch einleuchtender in folgendem Versuch. Man kann die innere Zentralkapsel herauspräparieren; sie fällt zu Boden, der Bläschenkranz für sich steigt in die Höhe. Mit der Zeit aber bildet die Zentralkapsel eine neue Außenplasmaschicht und in ihr einen neuen Bläschenkranz und gewinnt dadurch die Fähigkeit zum Schweben wieder.

Etwas anders, aber grundsätzlich ähnlich, verhalten sich die sogenannten *Acantharia*. Abb. 74 zeigt uns zwei verschiedene Schwebezustände, die nicht nur durch verschiedenen Zellsaftgehalt, sondern auch durch das damit gekoppelte verschiedene Verhalten verkürzbarer Muskelfäden gekennzeichnet sind. Die Muskelfäden sind an den Skelettnadeln befestigt. Verkürzen sie sich, so wird der ganze äußere Plasmamantel mit Zellsaftbläschen vorgezogen, also umfangreicher: das Tier steigt auf oder schwebt. Erschlaffen die Muskelfäden, so schrumpft das Außenplasma zusammen: das Tier sinkt ab.

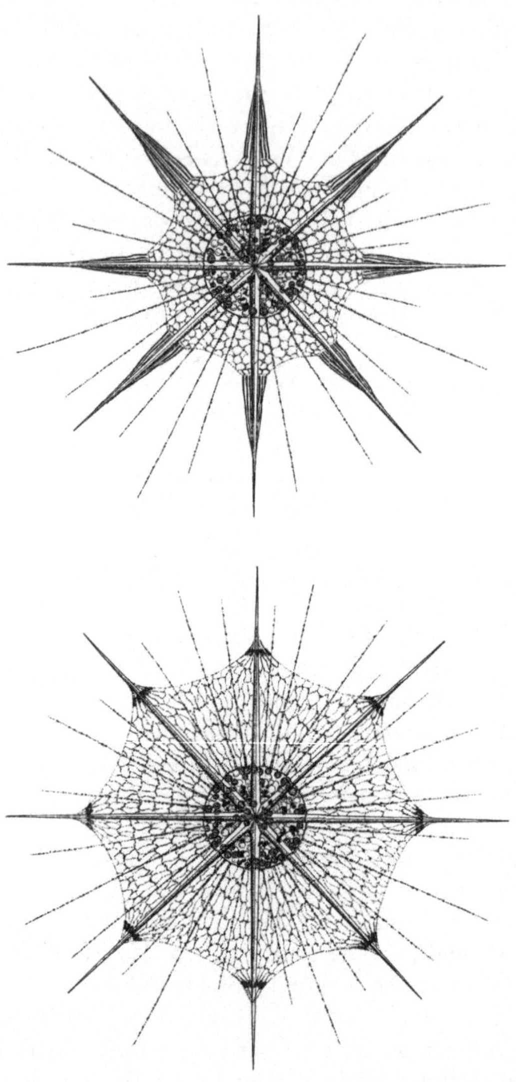

Abb. 74. Radiolar, und zwar ein Vertreter der *Acantharia*. Oben: Muskelfäden erschlafft, äußerer Plasmamantel klein, das Tier ist schwerer als Wasser. Unten: Muskelfäden verkürzt, äußerer Plasmamantel umfangreich, das Tier schwebt oder steigt auf.

Kehren wir zu den Schaumtierchen *Thalassicola* zurück.
Es ist klar, daß die Bläschenschicht, d. h. der wässerige Inhalt
der Bläschen, den leichten Stoff darstellt, der dem verhältnismäßig schweren Plasmakörper das Schweben ermöglicht. Das
gleiche hat man auch noch bei einem anderen einzelligen
Meeresbewohner festgestellt, bei *Noctiluca* (Abb. 75), einem
Geißeltierchen, das oft in ungeheuren Mengen auftritt und
bekannt ist als einer der Erzeuger des Meeresleuchtens. Nur
liegt bei ihm der leichte Zellsaft nicht in einem äußeren
Bläschenkranz, sondern in
vielen Safträumen im Innern
des Zellkörpers.

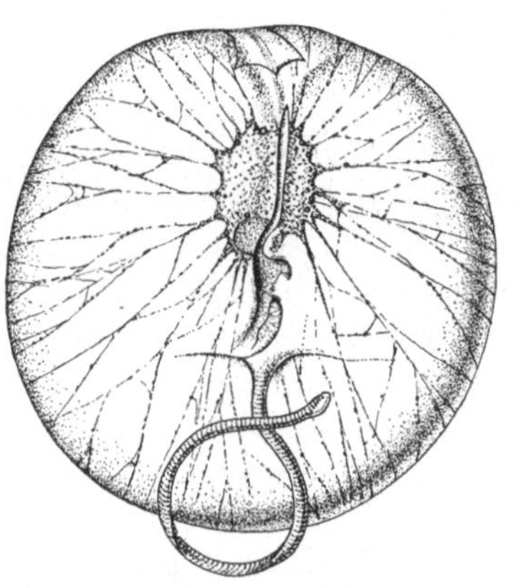

Abb. 75. Das Leuchttierchen *Noctiluca*
mit viel Zellsafträumen im Innern, die
dem Tier das Schweben ermöglichen.

Was macht den Bläschen-
inhalt so leicht? Genau wissen wir es ebensowenig wie
bei der leichten Gallerte der
Staatsquallen. Aber wir denken über die Möglichkeiten
nach. Die Zellen leben in
einer Salzlösung. Adriawasser
hat z. B. einen Salzgehalt von
etwa 3,8%. Wir hatten schon
früher darauf hingewiesen,
daß verschieden konzen-
trierte Salzlösungen verschieden schwer sind. Ist es nicht
denkbar, daß die Leichtigkeit des Zellsaftes — vielleicht auch
der Gallerte — gegenüber dem Meerwasser auf seinem geringeren Salzgehalt beruht? Mit dieser Annahme setzen wir allerdings voraus, daß eine Zelle oder auch ein vielzelliger Körper
fähig ist, einen Konzentrationsunterschied der Körpersäfte gegenüber dem Wasser aufrechtzuerhalten. Daß das an sich möglich ist, zeigen uns die Süßwassertiere; denn diese haben in
ihrem Innern stets eine andere, und zwar höhere Salzkonzentration als das sehr salzarme Süßwasser. Das ist keine Selbstverständlichkeit, sondern erfordert besondere Arbeit der lebenden Zellen, die sich gegen Salzverlust wehren müssen.

Wir wollen es also nicht von der Hand weisen, daß hier

und da salzarme Lösungen im Körperinnern ein Schweben von Meerestieren ermöglichen. Aber gerade für das Leuchttierchen *Noctiluca* hat sich zeigen lassen, daß der Zellsaft, der sicher leichter ist als das Meerwasser, sich in der Salzkonzentration nicht von ihm unterscheidet. Es muß hier also noch eine andere Möglichkeit geben.

Zwei Salzlösungen haben dann die gleiche Konzentration, wenn gleichviel gelöste Teilchen in der Raumeinheit vorhanden sind. Dabei ist es gleichgültig, aus was für einem Stoff die gelösten Teilchen bestehen. Durchaus nicht gleichgültig aber ist die Art des gelösten Stoffes für das spezifische Gewicht der Lösung. Und darauf kommt es uns hier an. Stellen wir uns zwei gleichkonzentrierte Lösungen von Kaliumchlorid und von Natriumchlorid her und wiegen sie, so werden wir finden, daß die Kochsalzlösung leichter ist als die Kaliumchloridlösung. Man mag zunächst denken, daß diese Erwägungen weitab von unserer Fragestellung liegen. Aber ein Beispiel zeigt, daß wir uns durchaus im Rahmen des Möglichen halten.

Am Meeresgrund festgewachsen findet man nicht selten eigentümliche Algen der Gattung *Valonia*. Jede Alge ist eine grüne Kugel von bis zu einem Zentimeter Durchmesser. Jede Kugel besteht nur aus einer Zelle; der äußeren Zellhaut liegt innen ein dünner Plasmabelag an, der ganze innere Raum aber ist mit Zellsaft erfüllt. Bei der Größe der Zelle besteht die Möglichkeit, den Zellsaft abzuzapfen und auf seine Zusammensetzung zu untersuchen. Das hat man getan bei zwei nahe verwandten Formen; sie heißen *Halicystis Osterhoutii* und *Valonia macrophysa*. Es hat sich Folgendes herausgestellt. In den Zellsäften beider Algen ist eine Vielzahl verschiedener Salze gelöst, bei *Halicystis* überwiegt Natriumchlorid, bei *Valonia* Kaliumchlorid; in beiden Zellsäften ist die Gesamtkonzentration annähernd gleich und etwas höher als im Meerwasser. Aber beide Säfte unterscheiden sich recht beträchtlich im spezifischen Gewicht; der Zellsaft von *Halicystis* ist leichter, der von *Valonia* ist schwerer als das Meerwasser. Und damit hängt die eigentümliche Erscheinung zusammen, daß losgerissene Zellen von *Halicystis* im Meerwasser zu schweben vermögen, solche von *Valonia* dagegen zu schwer am Boden liegenbleiben. Füllt man aber in eine entleerte *Valonia*-Zelle einen *Halicystis*-Zellsaft ein, so vermag auch die *Valonia*-Zelle im Wasser zu schweben.

Nun sind *Valonia* und *Halicystis* zwar keine richtigen Schweber. Aber die Untersuchungen an ihnen zeigen doch in eindringlicher Klarheit eine Möglichkeit, die anderen Lebewesen den Weg in den freien Wasserraum gebahnt haben kann.

Aber nicht nur die Fähigkeit zum Schweben überhaupt wollen wir beachten, mehr noch die Fähigkeit, den Schwebezustand zu ändern und den jeweiligen Bedingungen anzupassen. *Thalassicola* und andere Radiolarien können sich den Umständen entsprechend schwerer, leichter oder geradeso schwer wie das Meerwasser machen, indem sie die Zellsaftmenge im Bläschenkranz verändern. Setzt man Leuchttierchen *(Noctiluca)* in nicht zu stark mit Süßwasser verdünntes Seewasser, so sind sie zunächst zu schwer, da ja das verdünnte Meerwasser spezifisch leichter ist als normales. Bald aber beginnen sie wieder aufzusteigen. Dieser Versuch zeigt, daß sich nicht so sehr die Menge als die Zusammensetzung des Zellsaftes in Anpassung an die veränderte Umgebung geändert haben muß. Wir tun gut, uns klarzumachen, daß diese Anpassungsfähigkeit eine erstaunliche Leistung darstellt und uns einen Blick tun läßt in die geheimnisvollen chemisch-physikalischen Einrichtungen der Zelle. Zugleich aber haben wir in dieser Anpassungsfähigkeit das Wesensmerkmal von „echten Schwebern" kennengelernt, die durchaus zu unterscheiden sind von den obenerwähnten „Gelegenheitsschwebern", denen die feineren Anpassungsfähigkeiten fehlen.

Fett schwimmt oben.

Wir hatten bisher solche Lebewesen kennengelernt, die mit Hilfe leichter Flüssigkeiten (Zellsäfte) oder ähnlicher Stoffe (Gallerte) zum Schweben kommen. Ist es nicht naheliegend, daß Öle und Fette, die immer leichter sind als Wasser, als Schwebemittel benutzt werden? Ist doch das Fett ein weitverbreiteter Vorratsstoff, insbesondere in tierischen Körpern. Vom planktonfressenden Riesenhai wird wirklich behauptet, daß ihn seine Fettschicht zum regungslosen Sichtreibenlassen an der Wasseroberfläche befähigt. Bemerkenswert ist auch, daß bei den Kieselalgen *(Diatomeen)* als Speicherstoff nicht die schwere Stärke, sondern das leichte Fett auftritt. Es ist natürlich so, daß Fett das Übergewicht herabsetzt. Aber es ist kein Fall bekannt, daß ein Lebewesen allein mit Hilfe von Fett zu einem „echten Schweber" wurde. Es scheint verhältnismäßig schwierig zu sein, die Fettmenge und damit das spezifische Gewicht schnell zu ändern.

Noch einmal die Staatsquallen.

Es gibt viele Staatsquallen, die auf eine ganz andere Weise, als vorhin beschrieben, zum Schweben kommen (Abb. 69). Sie besitzen am oberen Stammende, über einer mehr oder weniger großen Anzahl Schwimmglocken, eine Gasflasche, also ein gasgefülltes Organ; schneidet man die Gasflasche ab, so sinkt bei manchen Arten (z. B. *Stephanomia*, Abb. 76) der Stamm mit allen seinen Anhängen zu Boden. Bei wohlgefüllter Gasflasche aber ist der ganze Stock gewöhnlich so ausgewogen, daß er gerade unter der Wasseroberfläche schwebt, d. h. er ist sogar ein wenig leichter als das Wasser. Und wenn die Gasflasche im Vergleich zum übrigen Körper nicht so klein wäre — sie ist bei *Stephanomia* etwa so groß wie ein kleiner Stecknadelkopf —,

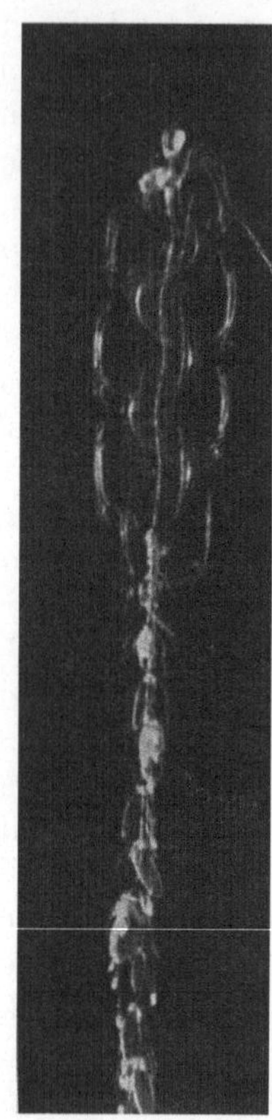

Abb. 76. Staatsqualle *Stephanomia*, oberer Teil des Tieres mit der Gasflasche und mehreren zweizeilig angeordneten Schwimmglocken.

so könnte sie wohl die Oberflächenhaut des Wassers durchstoßen und über die Wasseroberfläche hinausragen; das ist bei anderen Staatsquallen mit faustgroßer Gasflasche, z. B. bei *Physalia*, der portugiesischen Galeere, wirklich der Fall.

Wenn man eine *Stephanomia* etwas reizt, etwa durch Schütteln des Wassers oder durch Berühren, so wird man meistens feststellen (Abb. 77), daß über kurz oder lang am oberen Ende der Gasflasche eine kleine Gasblase austritt und zerplatzt, und daß darauf der ganze Stock, zu schwer geworden, zu Boden sinkt. Läßt man aber das Tier dann in Ruhe, so kann man es schon nach 15—30 Minuten in der vorherigen Stellung, etwas leichter als das Wasser, unter der Wasseroberfläche hängend finden.

Es muß also der Gasraum in der Gasflasche wieder größer geworden sein. Mit bloßem Auge wird man kaum sehen, was dabei geschieht. Aber man kann an einer abgeschnittenen Gasflasche unter dem Mikroskop das Gas vorsichtig ausdrükken und dann in voller Klarheit den erstaunlichen und eindrucksvollen Vorgang der Neufüllung der Gasflasche beobachten (Abb. 78).

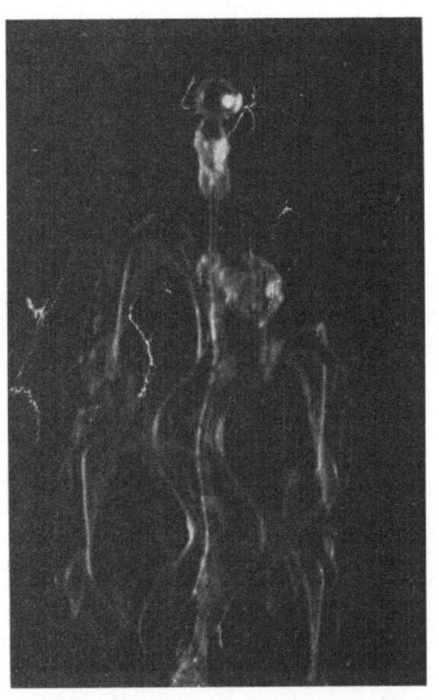

Abb. 77. Die Staatsqualle *Stephanomia* läßt nach Reizung ein Gasbläschen aus der Gasflasche austreten.

Im Grunde der Gasflasche (Abb. 79), unterhalb des von einer besonderen Wand umkleideten Gasraumes, liegt ein Gewebe, dessen Zellen durch einen eigentümlichen körnigen Bau des Protoplasmas ausgezeichnet sind. Zwischen diesen Zellen entstehen explosionsartig neue Gasblasen, die sehr schnell größer werden, sich ihren Weg durch die leicht gegeneinander verschieblichen Zellen bahnen und in kurzer Zeit den Gasraum wieder voll auffüllen können. Man wird sich vorstellen müssen, daß die Neubildung der Gasblasen, die aus fast reinem Stickstoff zu bestehen scheinen, irgendwie durch die Tätigkeit der körnigen Zellen zustande

a

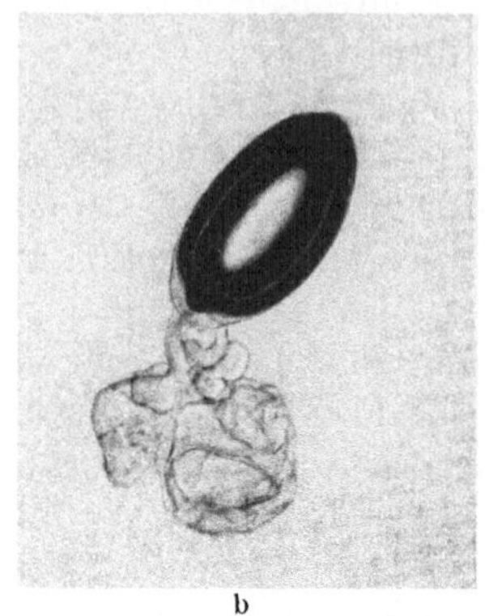

b

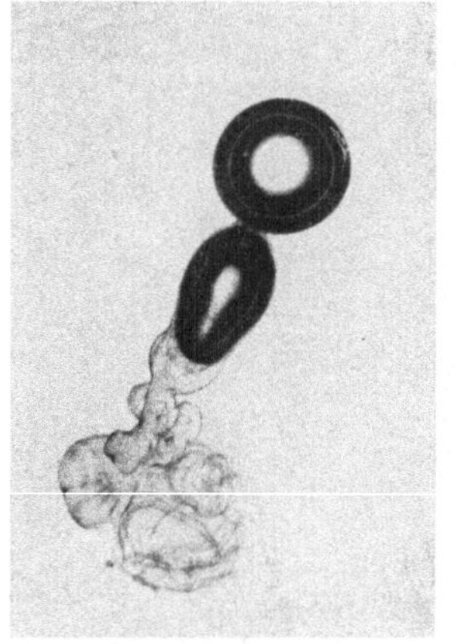

c

Abb. 78. Staatsqualle *Stephanomia*, abgeschnittene Gasflasche unter dem Mikroskop. a) normal mit Gas gefüllt; b) kurz vor der Gasabgabe; c) Gasaustritt; d) Neubildung kleiner Gasbläschen unter dem in der Gasflasche verbliebenen Gasrest; e) die Gasflasche ist schon wieder halb gefüllt. Alle Aufnahmen an der gleichen Gasflasche.

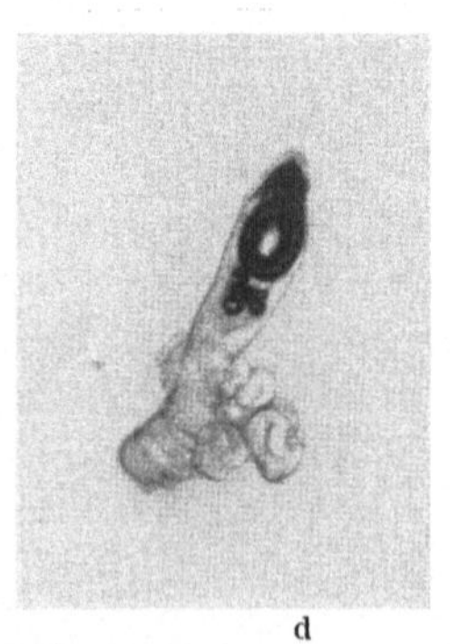

d

e

kommt, die man daher in ihrer Gesamtheit als „Gasdrüse" bezeichnet.

Gelegentlich, aber ziemlich selten, kann man auch eine andere Art des Auf- und Absteigens beobachten. Es kommt vor, daß ein Tier, das gerade im Aufsteigen begriffen ist, also gerade etwas leichter ist als das Wasser, plötzlich stillesteht und wieder abzusinken beginnt, ohne daß aus der Gasflasche Gas ausgestoßen wurde. Auch hier muß eine Verkleinerung des auftriebgebenden Gasraumes, und zwar ohne Gasabgabe, stattgefunden baben. In der Wand der Gasflasche ist eine recht kräftige Muskulatur vorhanden, und man kann unter dem Mikroskop unmittelbar beobachten, wie sich durch die Tätigkeit der Muskeln die Größe des Gasraumes — und damit notwendigerweise das spezifische Gewicht — ändert, dies allerdings nur in bescheidenen Grenzen.

Diese Tiere vermögen

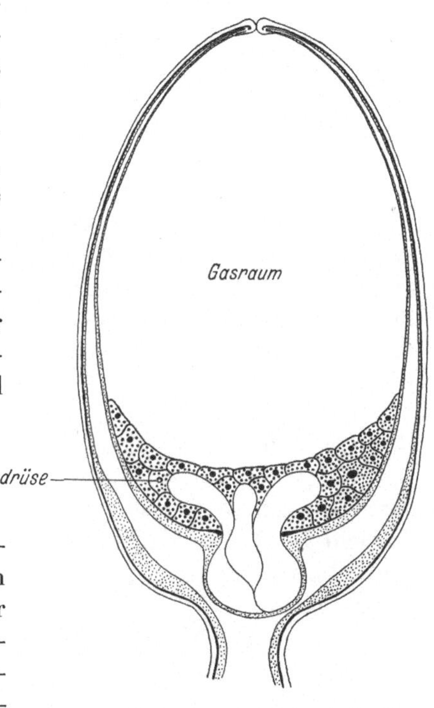

Abb. 79. Ein Längsschnitt durch die Gasflasche der Staatsqualle *Stephanomia*, vereinfacht; die gekörnelten Zellen am Grunde sind die „Gasdrüse", in der neues Gas gebildet werden kann.

also mit ihrer Gasflasche Ähnliches zu leisten wie z. B. Radiolarien mit ihrem Bläschenkranz. In beiden Fällen sind leichte Stoffe in den schweren Körper eingelagert; und doch ist die Sachlage nicht die gleiche. Denn in dem einen Fall ist Flüssigkeit, in dem anderen Gas das Schwebemittel. Gas aber ist sehr leicht, eine Flüssigkeit dagegen praktisch überhaupt nicht zusammendrückbar. Das hat für das Schweben bestimmte Folgen.

Stellen wir uns vor, ein Radiolar schwebt gerade dicht unter der Wasseroberfläche, so daß auf ihm nicht mehr als die Luftatmosphäre lastet. Bringen wir es jetzt, ohne daß sich etwas an seinem Schwebeapparat ändert, in eine Tiefe von 10 m, so lastet auf ihm ein Druck von 2 Atmosphären (10 m Wassersäule = 1 Luftatmosphäre). An seinem Schwebezustand ändert sich gar nichts.

Ganz anders liegen die Verhältnisse bei einem Gasschweber. Gas ist zusammendrückbar, d. h. die Größe eines Gasraumes hängt — neben der Temperatur — von dem Druck ab, der auf ihm lastet. Nach einem bekannten physikalischen Gesetz wird ein Gasraum um die Hälfte kleiner, wenn der auf ihm lastende Druck doppelt so groß wird. Wir wollen annehmen, daß der Gasraum in der Gasflasche gerade so groß ist, daß das Tier dicht unter dem Wasserspiegel schwebt, d. h. hier das spezifische Gewicht des Wassers hat; bringen wir das Tier jetzt in 10 m Wassertiefe, dann muß sich wegen der Verdoppelung des Druckes — Nachgiebigkeit der Gasflaschenwand und gleichbleibende Temperatur vorausgesetzt — der Gasraum um die Hälfte verkleinern. Da aber zwischen dem spezifischen Gewicht eines Körpers, seinem wirklichen Gewicht in Gramm und dem Raum, den es einnimmt, folgende Beziehung besteht:

$$\text{spezifisches Gewicht} = \frac{\text{Gewicht}}{\text{Raum}},$$

so ist die Raumabnahme durch Zusammendrücken des Gases verbunden mit einer Zunahme des spezifischen Gewichtes. Das Tier, das an der Wasseroberfläche gerade schwebt, ist in 10 m Wassertiefe zu schwer geworden und sinkt ab, falls es nicht durch Neubilden von Gas seiner Gasflasche wieder den gleichen Rauminhalt gibt wie an der Wasseroberfläche.

Aber wir brauchen gar nicht mit so großen Druckunterschieden, wie wir eben annahmen, zu rechnen. Ein Gasschweber kann mit einer bestimmten Gasmenge gerade nur in einer bestimmten Wasserebene schweben, dort nämlich, wo unter den herrschenden Druckverhältnissen der Gasraum

so groß ist, daß der Körper gerade das spezifische Gewicht
des Wassers hat. Sowie aber der Körper des Tieres ein wenig
aus dieser Anpassungsebene herauskommt, stimmt die Sache
nicht mehr. Gerät er darunter,
so wird mit zunehmendem
Wasserdruck der Gasraum
kleiner, das spezifische Gewicht größer; umgekehrt wird
über der Anpassungsebene
wegen des geringeren Wasser-
drucks der Gasraum größer,
das spezifische Gewicht aber
kleiner.

Man kann sich durch einen
einfachen Modellversuch davon überzeugen, daß das so
ist (Abb. 80). Wir füllen einen
hohen Glaszylinder mit Wasser und bringen in ihn ein klei-
nes, ebenfalls mit Wasser ge-
fülltes Gefäß, dessen Öffnung
nach unten schaut; es sinkt
wegen des Glasgewichtes natürlich zu Boden. Mit Hilfe
eines gebogenen Glasrohres
blasen wir nun so viel Luft
in das kleine Gefäß, daß es
in der Mitte des großen Zylinders gerade schwebt. Das
kleine Gefäß ist dann das
Modell für den Tierkörper,
die Luftblase in ihm stellt
den Schwebeapparat vor, vergleichbar der Gasflasche der
Staatsquallen, oder, wie wir sehen werden, der Schwimmblase der Fische. Durch die Öffnung vermag der Luft- bzw.
Wasserdruck auf die Luftblase einzuwirken. Wenn wir nun
mit einem gebogenen Draht das kleine Gefäß langsam be-

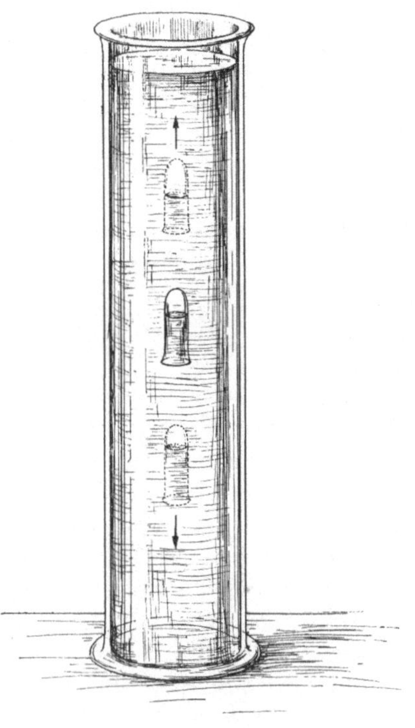

Abb. 80. Modell zum Aufzeigen der
Schwebeebene. Ein mit Hilfe einer
Luftblase in der Mitte des Glas-
zylinders schwebendes Gefäß steigt
über der Schwebeebene auf, sinkt
unter der Schwebeebene unter,
wegen der (übertrieben deutlich gezeichneten) Vergrößerung bzw. Verkleinerung der Luftblase.

wegen, werden wir feststellen, daß es unter der Schwebeebene langsam zu Boden sinkt, über ihr aber langsam auf-
steigt. Schuld daran ist die Änderung des spezifischen Gewichtes durch den wechselnden Wasserdruck.

Es muß also für einen Gasschweber ein wahres Kunst-
stück sein, sich in seiner Anpassungsebene zu halten, da diese
wirklich eine mathematische Ebene vorstellt und die kleinste
Abweichung von ihr das Schwebegleichgewicht stören muß.
Bei der Staatsqualle *Stephanomia* wird der Sachverhalt nicht
deutlich, da das Tier gewöhnlich etwas leichter ist als das
Wasser und sich dicht unter dem Wasserspiegel aufhält. Aber
die schon erwähnte

Corethra-Larve

zeigt sehr schön das, was wir sehen wollen (Abb. 81). Man
findet diese Tiere in unseren Tümpeln nicht selten, aber man
muß schon genau hinsehen; denn die im erwachsenen Zustand etwa $1\frac{1}{2}$ cm langen schlanken Tiere sind glasklar
durchsichtig und schweben in horizontaler Lage zumeist fast
regungslos im Wasser. Ermöglicht wird ihnen das durch die
2 Paar Schwimmblasen, ein größeres Paar im schwereren
Vorderkörper, ein kleineres Paar im Hinterkörper. Wir hatten schon gehört, daß diese Schwimmblasen Reste des im
übrigen stark rückgebildeten Atemröhrensystems sind. Da die
Atemröhren durch Einstülpung der äußeren Haut entstehen,
sind sie mit demselben festen Chitin ausgekleidet, das auch
die Außenhaut der Insekten überzieht und dem Insektenkörper seine Festigkeit und Widerstandsfähigkeit verleiht.
So kommt es, daß die Wand der *Corethra*-Schwimmblasen
verhältnismäßig fest ist, zugleich aber elastisch und einem
Druck von außen noch in einem gewissen Ausmaß nachgebend. Das zu wissen, ist wichtig, wenn wir das Schwebe-
verhalten der Larven begreifen wollen.

Beobachten wir eine schwebende Larve längere Zeit, so
werden wir feststellen, daß sie eigentlich niemals unbeweg-
lich steht, sondern entweder langsam sinkt oder langsam
steigt. Unter heftiger Schlängelung des Körpers aber kehrt

sie sprungartig immer wieder annähernd in die gleiche Wasserebene zurück. Durch diese Sprünge bemüht sich das Tier, in der Nähe seiner Schwebeebene zu bleiben. Die Häufigkeit der Sprünge aber hängt ab von der Schnelligkeit des Sinkens bzw. des Steigens, und diese unter anderem von der Leichtigkeit, mit der sich die Wasserteilchen von dem Tierkörper

Abb. 81. Larven (waagerecht schwebend) und eine Puppe (senkrecht schwebend) der Mücke *Corethra*.

auseinanderdrängen lassen, d. h. von der Zähigkeit des Wassers. Durch Zusatz bestimmter Stoffe kann man die Zähigkeit des Wassers ändern, und es hat sich herausgestellt, daß die Sprünge um so häufiger sind, je geringer die Zähigkeit des Wassers ist.

Die *Corethra*-Larve ist ein arger Räuber; mit ihren zu Greiforganen umgestalteten Fühlern fängt sie im Sprunge kleine Wassertiere und verschlingt sie. Die Beutetiere — z. B. Flohkrebse — sind meist schwerer als das Wasser; durch das

Fressen wird also das so schon mühsam aufrechterhaltene
Schwebegleichgewicht gestört. Aber es wird wiederhergestellt
dadurch, daß nach der Mahlzeit die Schwimmblasen etwas
größer werden und dadurch größere Tragkraft erhalten. Auf
eine sehr eindrucksvolle Weise kann man das gleiche durch
künstliche Beschwerung erzielen. Man hat einer Larve eine
Leibbinde aus einem feinen Staniolstreifen umgelegt und
konnte feststellen, daß das anfangs zu schwere Tier nach
einiger Zeit wieder normal schwebt. Entfernt man jetzt den
Staniolring, so ist das Tier umgekehrt zu leicht; es vermag
allerdings nicht, aus diesem Zustand des Zuleichtseins wieder
zum Normalzustand zurückzukehren. Das Anpassungsvermögen
hat also seine Grenzen; das Tier kann seine Schwimmblasen
wohl vergrößern, aber nicht verkleinern.

Wie alle Insektenlarven wächst auch die *Corethra*-Larve
ruckweise, indem sie in regelmäßigen Abständen den zu eng
werdenden alten Chitinpanzer abwirft, sich häutet und den
bereits darunter gebildeten, noch weichen neuen Panzer aus-
dehnt. Diese Größenzunahme nach der Häutung bedeutet
aber nicht zugleich eine Gewichtszunahme. Diese hängt vielmehr von der Nahrungsaufnahme ab. So kommt es, daß das
Wachstum der Schwimmblasen nach Maßgabe der Nahrungsaufnahme zwischen den Häutungen erfolgt, nicht aber bei
jeder Häutung.

Das Ergebnis der letzten Larvenhäutung ist nicht wieder
eine Larve, sondern die Puppe, ein Ruhestadium ohne Nahrungsaufnahme, in dessen Verlauf die Organe des Vollinsektes
ausgebildet werden, insbesondere die Beine und Flügel, die
in der Larve nur als unvollkommene Anlagen vorhanden
waren. Bei einer letzten Häutung schlüpft dann aus der
Puppe die fertige Mücke aus.

Auch die *Corethra*-Puppe lebt im Wasser und vermag in
ihm zu schweben mit Hilfe einer Gasansammlung, die sich
links und rechts unter den Flügelscheiden, den Futteralen
für die in Entwicklung begriffenen Flügel des Vollinsektes,
befindet. Dies Gas liegt also gar nicht im Körper, sondern
außen am Körper. Vergleichen wir die Flügelscheiden mit
unseren Armen — was natürlich anatomisch nicht richtig

ist —, so liegt das Gas in den Achselhöhlen der an den Leib gepreßten Arme. Wahrscheinlich stammt es aus den vorderen Schwimmblasen und gelangt bei der Häutung zur Puppe an seinen Platz. Die beiden Gasblasen liegen vorn am Puppenkörper; die Folge ist, daß die Puppe nicht waagerecht, sondern aufrecht im Wasser steht (Abb. 81). Das Anpassungsvermögen an verschiedene Schwebebedingungen ist bei der Puppe geringer als bei der Larve. Durch Sprünge vermag aber auch sie sich in der Nähe der Schwebeebene zu halten, die der Größe der Gasblasen und ihrem Körpergewicht entspricht.

Wir haben hier noch keineswegs die Fülle der Fähigkeiten dieses seltsamen Tieres erschöpft. Manches ist auch noch rätselhaft. Wir wissen z. B. nicht sicher, wie eigentlich die Anpassung der Schwimmblasengröße an das Körpergewicht vor sich geht. Sicher ist nur, daß dabei im Gegensatz zu den Staatsquallen und, wie wir sehen werden, auch den Fischen kein Gas neu gebildet wird. Es strömt vielmehr aus der Leibesflüssigkeit, in der es gelöst ist, in die Schwimmblasen ein. Auf die ebenfalls noch rätselhafte Erstfüllung der Schwimmblasen mit Gas nach der Geburt werden wir später eingehen.

Fische.

Die dritte und bekannteste Gruppe von Gasschwebern sind die Fische, soweit sie im Besitz einer Schwimmblase sind (Abb. 82). Auch bei ihnen finden wir ein ausgesprochenes Anpassungsvermögen, d. h. die Fähigkeit, sich durch Änderung der Gasmenge auf den Aufenthalt in verschiedenen Wassertiefen einzustellen. Die Einrichtungen, die diese Anpassung ermöglichen, sollen uns besonders beschäftigen.

Die Schwimmblase ist ein gasgefüllter Anhang des Vorderdarmes. Sie entsteht bei der Entwicklung aus dem Ei als rückseitige Ausstülpung, liegt also über dem Darm, unter der Wirbelsäule. Bei vielen Fischen bleibt sie zeitlebens durch einen Luftgang mit dem Vorderdarm in Verbindung, so z. B. bei Karpfen, Hechten, Forellen, Heringen. Bei anderen wiederum ist der Luftgang nur in der frühesten Jugend während der ersten Lebenstage zu finden, wird dann aber rückgebildet; bei diesen Fischen — z. B. Dorsch, Flußbarsch, Stichling, Seepferdchen — ist also dann die Schwimmblase vollkommen geschlossen. Wir werden sehen, daß diese beiden Fischgruppen sich in den Anpassungseinrichtungen der Schwimmblase zum Teil grundlegend unterscheiden.

Wenn wir einen Fisch, z. B. eine der bei uns so häufigen kleinen Elritzen, beim ruhigen Herumschwimmen in einem größeren Wasserbecken beobachten, so werden wir feststellen,

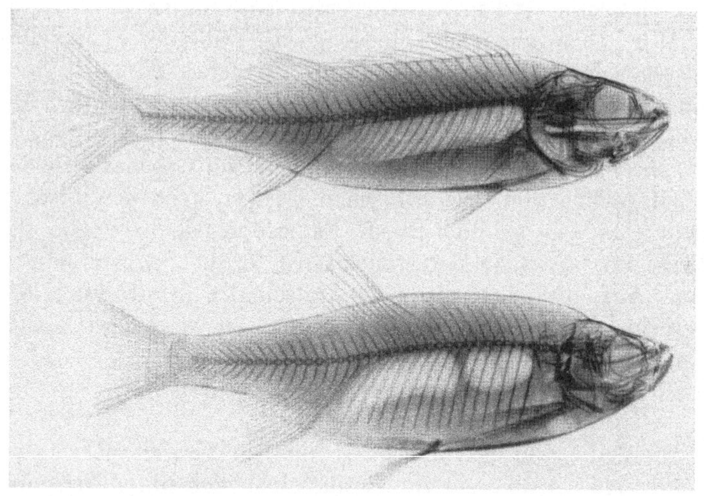

Abb. 82. Röntgenaufnahmen, unten: eines karpfenartigen Fisches (Rotfeder, Schwimmblase zweiräumig), oben: eines Barsches (Schwimmblase einräumig), die Lage der Schwimmblase zeigend. (Photo Saupe.)

daß der Fisch fast ebenso schwer ist wie das Wasser. Aber der Schwebezustand ist auch hier nicht vollkommen. Immer wird das Tier ein wenig sinken oder steigen, aber durch einen kurzen Schlag mit seinen Flossen wird ein weiteres Absinken oder Aufsteigen leicht verhindert. Der Fisch ist durch die Kraft seiner Muskeln gewöhnlich Herr der Lage.

Aber es leben auch in großen Wassertiefen Fische. Früher hatte man die Tiefen der Weltmeere für leblose Wasserwüsten gehalten, und es bedeutete eine nicht geringe Überraschung für die wissenschaftliche Welt, als sich in der zweiten Hälfte des vorigen Jahrhunderts bei den Forschungsfahrten immer deutlicher zeigte, daß die Tiefsee ein verhältnismäßig reiches und sehr eigenartiges Tierleben birgt. Damals allerdings hat man immer nur gesehen, was die Fanggeräte mit nach oben brachten. Erst einem Forscher unserer Zeit, dem amerikanischen Biologen B e e b e , blieb es vorbehalten, durch die Fenster einer Stahlkugel, in der er sich ins Wasser hinabließ, die Tierwelt bis in fast 1000 m Tiefe zu beobachten. Vor allem waren es immer wieder Fische, in diesen lichtlosen Tiefen mit einer Fülle verschiedenfarbiger Leuchtorgane ausgerüstet, die das Auge fesselten.

Nun steht in 1000 m Tiefe der Fischkörper unter einem außerordentlichen Druck (= 101 Atmosphären). Auf Protoplasma und Skelett, beide kaum zusammendrückbar, wird der Druck allerdings nicht von großer Wirkung sein. Erstaunlich aber ist der Besitz einer Schwimmblase bei diesen Tiefseefischen. Denn damit die Schwimmblase nicht einfach zusammengedrückt wird, muß in ihr so viel Gas gebildet werden, daß es auch bei so hohen Drucken noch einen entsprechenden Raum einnimmt. Das zu erreichen aber ist eine außerordentliche Leistung des Fisches.

Was wird geschehen, wenn man einen Tiefseefisch verhältnismäßig schnell mit dem Netz an die Oberfläche holt? Der Außendruck wird plötzlich vermindert; ist das Netz halb heraufgeholt, so müßte sich das Gas in der Schwimmblase eigentlich auf etwa den doppelten Raum ausdehnen. Das geht nicht, weil der Raum in der von den Rippen gestützten Bauchhöhle beengt ist. Aber die sich ausdehnende elastische Schwimmblasenwand drückt auf die Eingeweide; diese weichen nach der Stelle des geringsten Widerstandes aus. So kann es kommen, daß der Fisch mit aufgeblähtem Bauch und zum Teil durch die Mundöffnung vorgepreßten Eingeweiden an die Oberfläche kommt. Man nennt solche Fische „trommelsüchtig"; sie sind an manchen tiefen Seen auch den Berufsfischern wohlbekannt. So lebt in der Tiefe des Bodensees der Kilch, ein Verwandter des als Speisefisch mit Recht

so beliebten Blaufelchens. Der Kilch kommt stets trommelsüchtig an die Oberfläche; durch einen Stich in die Schwimmblase wird die Auftreibung des Bauches beseitigt. Das gleiche
ist der Fall bei einer kleinen Maräne, die in der Tiefe mancher norddeutschen Seen lebt. Die mecklenburgischen Fischer
bezeichnen die trommelsüchtigen Fische treffend als
„Quietschbükers".

Gewöhnlich aber wird ein Tiefseefisch kaum in eine Lage
kommen, die ihn trommelsüchtig werden läßt. Die Mehrzahl
der Fische, insbesondere im Süßwasser, lebt in verhältnismäßig flachem Wasser. Sie können mit Schwimmbewegungen
Auf- und Abtriebskräfte leicht bewältigen. Und sie tun es
auch, wenn es sich um kurzdauernde Ausflüge in tieferes
oder flacheres Wasser handelt. Nun ist aber jedem Angler
bekannt, daß die gleiche Fischart zu verschiedenen Zeiten in
verschiedenen Tiefen „steht". Für die Elritze wurde beobachtet, daß sie nachts tieferes Wasser aufsucht als am Tage.
Wenn aber ein Fisch in größere Tiefe geht und dort zum
Schweben kommen will, so muß er mehr Gas in die durch
erhöhten Druck zu klein gewordene Schwimmblase hinein-
bringen. Man hat tatsächlich messend feststellen können,
daß der gleiche Fisch im tiefen Wasser mehr Gas in der
Schwimmblase hat als im flachen. Umgekehrt wird beim
Übergang in flacheres Wasser Gas aus der Schwimmblase
entfernt. Wie geht dieser Wechsel der Gasmenge vor sich?

Wir machen einen Versuch, und zwar mit der Elritze,
deren Schwimmblase durch einen Luftgang mit dem Darm
in Verbindung steht. Wir schließen den Behälter mit dem
Fisch luftdicht ab und saugen mit einer Pumpe die über dem
Wasserspiegel stehende Luft ab. Durch die Druckabnahme
dehnt sich die Schwimmblase aus — wie wenn man den Fisch
aus größerer Wassertiefe an die Oberfläche holt —, der
Fisch bekommt zu starken Auftrieb und sucht dem zunächst
durch abwärts gerichtete Schwimmbewegungen entgegenzu-
wirken. Bald aber sieht man aus dem Mund Gasblasen ent-
weichen, die aus der Schwimmblase durch den Luftgang den
Weg nach außen fanden. Durch fortschreitende Gasabgabe
bei fortschreitender Druckerniedrigung erhält sich der Fisch

wenigstens annähernd im Schwebegleichgewicht. Stellt man aber dann den gewöhnlichen Luftdruck wieder her, was also einer Druckzunahme gleichkommt, so wird die Schwimmblase plötzlich viel zu kein, und der Fisch fällt, zu schwer geworden, an den Boden des Aquariums. Bald aber sehen wir, wie er mit kräftigen Schwimmbewegungen die Wasseroberfläche zu erreichen sucht. Er schnappt Luft, und nach verhältnismäßig kurzer Zeit hat er wieder sein normales Schwebevermögen. Öffnen wir den Fisch, so werden wir im Vorderdarm beträchtliche Gasmengen finden, eben die verschluckte Luft, während die Schwimmblase zunächst noch wenig Gas enthält. Warten wir aber etwas länger, so werden wir wenig Gas im Darm, mehr Gas in der Schwimmblase finden; nach einigen Stunden hat die Schwimmblase wieder ihren ursprünglichen Füllungszustand erreicht, und zwar lediglich dadurch, daß durch den langen engen Luftgang verschluckte Luft in die Schwimmblase gedrückt wird.

Wie die Elritze können sich auch andere Fische mit Luftgang verhalten, z. B. Schleie, Hecht, Forelle. Wie aber ist es, wenn man eine Elritze, der man die Schwimmblase künstlich entleert hat, am Luftschlucken verhindert, indem man sie durch ein Gitter von der Oberfläche absperrt? Wir werden nach einigen Tagen feststellen, daß auch das unter Gitter gehaltene Tier wieder eine vollkommen normal gefüllte Schwimmblase bekommen hat. Hier muß also etwas ganz anderes vor sich gegangen sein. Sehr deutlich zeigt sich der Unterschied gegenüber dem ersten Versuch, wenn man die Zusammensetzung des Schwimmblasengases untersucht. Nach dem Luftschlucken finden wir in der neu gefüllten Schwimmblase ein Gas, das annähernd die Zusammensetzung der Luft hat, also wenig Kohlensäure und etwa 21 % Sauerstoff; der Rest ist Stickstoff. Untersuchen wir aber den Schwimmblaseninhalt bei den unter Gitter gehaltenen Tieren, so finden wir etwa 4 % Kohlensäure und etwa 45 % Sauerstoff, also vor allem viel mehr Sauerstoff als in der Luft. Es wurde demnach ein sehr stark sauerstoffhaltiges Gas in die Schwimmblase hineingebracht, das letzten Endes nur aus dem Blut stammen kann. Denn das Blut ist der Teil des Fischkörpers, der in dem roten Blutfarbstoff, dem Hämoglobin, insbesondere im arteriellen Blut, eine große Sauerstoffmenge trägt und abgeben kann. Auffallend bei der Elritze wie bei allen ihren Verwandten ist die außerordentlich reiche Durchblutung der Schwimmblasenwand, und zwar vor allem des hinteren Teiles der zweikammerigen Schwimmblase. Da man die Bildung und Abgabe von Stoffen in besonderen Organen (z. B. Abgabe des Speichels in den Speicheldrüsen) als „Sekretion" bezeichnet, spricht man hier von einer „Sauerstoffsekretion", oder allgemein besser, wie bei den Staatsquallen, von einer „Gassekretion"; denn es ist nicht nur der Sauerstoff an der Neufüllung der Schwimmblase beteiligt.

Was bei der Gassekretion in der Wand der Elritzenschwimmblase vor sich geht, wissen wir noch nicht genau. Übrigens haben keineswegs alle Fische die Fähigkeit zur Gassekretion. Denn wenn man den gleichen Versuch mit einer Forelle oder einem Huchen macht, so findet man, daß der unter Gitter gesetzte Fisch niemals wieder seine Schwimmblase mit Gas füllt. Vielleicht hängt das damit zusammen, daß diese Fische Bewohner flachen Wassers sind, also stets Gelegenheit zum Luftschnappen haben. Beim Hecht dagegen ist die Gassekretion sehr stark.

Am klarsten tritt diese Fähigkeit bei den Fischen in Erscheinung, denen ein Schwimmblasengang überhaupt fehlt. Vertreter dieser Gruppe sind bei uns z. B. der Flußbarsch und der Stichling. Bei ihnen stellt die Schwimmblase einen einräumigen, von einer verhältnismäßig dünnen Wand umhüllten Sack dar. Man kann die Schwimmblase mit Spritze und Hohlnadel ohne Schaden für den Fisch künstlich entleeren und wird sie doch nach Stunden oder Tagen wieder normal gefüllt finden. Oder man kann einen Barsch künstlich beschweren, indem man ein Gewicht an ihn hängt, und wird ihn doch nach einiger Zeit normal schwebend finden. Die Untersuchung des Schwimmblasengases aber zeigt, daß auch hier eine starke Gassekretion vorhanden ist, bei der erhebliche Mengen Kohlensäure und Sauerstoff in die Schwimmblase hineingebracht werden.

Hier kennt man auch besser das Organ, das an dieser Gassekre-

tion wesentlich beteiligt ist. Wenn man
einen Barsch aufschneidet (Abb. 83),
findet man im vorderen unteren Teil
der Schwimmblasenwand Stellen, die
durch besonders reiche Versorgung mit
Blutgefäßen ausgezeichnet sind. Hier
ist ferner die Schwimmblasenwand an
der Innenseite zu einem drüsenartigen
Gewebe verdickt (Abb. 84). Wenn man
diese Organe ausschaltet, etwa durch
Unterbindung der Blutzufuhr, so fehlt
die Fähigkeit zur Gassekretion. Man
nennt daher diese Gebilde mit Recht
„Gasdrüsen" und hat sie in mannigfaltiger Ausbildung bei vielen Fischen
gefunden, deren Schwimmblase nach
Art der Barschschwimmblase gebaut
ist. Was sich nun eigentlich in diesen
Gasdrüsen abspielt, daß ein Gemisch
von Kohlensäure und Sauerstoff aus
dem Blut in die Schwimmblase eintritt, darüber herrscht noch nicht völ-
lige Klarheit.

Können die Fische ohne Luftgang
auch Gas aus der Schwimmblase entfernen? Wenn man mit dem Barsch
den gleichen vorher geschilderten Un-
terdruckversuch macht wie mit der
Elritze, so wird man finden, daß der
Barsch bei abnehmendem Druck bald
mit aufgetriebener Schwimmblase hilf-
los an der Wasseroberfläche treibt wie ein
trommelsüchtiger Fisch. Und wenn man
nicht aufpaßt, so wird die Schwimmblasenwand schließlich zerreißen. Aber
wenn man den Versuch etwas vor-
sichtiger anstellt, so läßt sich doch
zeigen, daß auch eine Entfernung von

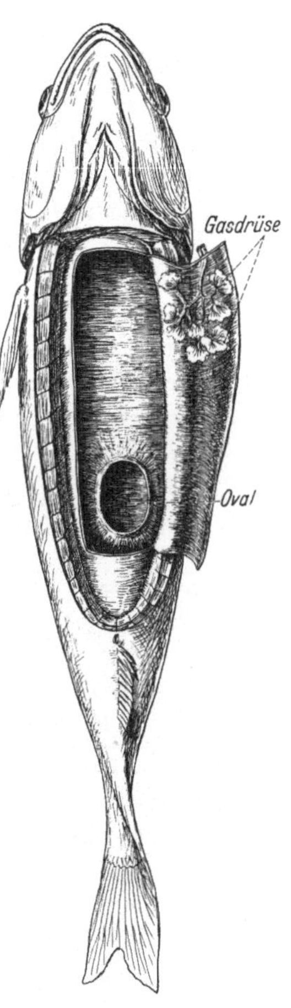

Abb. 83. Flußbarsch,
Eingeweide entfernt,
Schwimmblasenwand
vom Bauch her aufge-
schnitten und herausge-
klappt. Vorn die einzelnen
Teile der Gasdrüse mit
dem zu- und abführenden
Blutgefäß. Hinten das weit
geöffnete Oval (übertrie-
ben deutlich gezeichnet).

127

Gas aus der Schwimmblase möglich ist. War die Druckerniedrigung nur gering, so ist nach einiger Zeit der geringe übermäßige Auftrieb verschwunden; das gleiche ist der Fall, wenn man den Fisch durch einen angehängten Ballon künstlich erleichtert. Durch Messung der Gasmenge in der Schwimmblase läßt sich bestätigen, daß in der Tat Gas verschwunden ist. Das ist eigentlich zu erwarten, sogar unter ganz normalen Bedingungen. Die Schwimmblasenwand ist ja eine dünne feuchte Haut; das Gas steht unter einem gewissen Druck, der abhängt von der Tiefe, in der sich der Fisch gerade aufhält, und der stets etwas höher ist als der Druck der im Wasser bzw. im Fischkörper gelösten Gase. Es müssen also immer

Abb. 84. Ein Schnitt durch die Wand der Barschschwimmblase dort, wo sich die innere Zellschicht zur mehrschichtigen Gasdrüse verdickt. Man beachte die außerordentlich reiche Durchblutung der Gasdrüse; die hellen Räume zwischen den Zellen sind Blutgefäße.

Gasteilchen die Schwimmblasenwand von innen nach außen durchwandern, und man kann die Größe dieser Abwanderung auch messend verfolgen. Dieser Gasverlust tritt gewöhnlich nur deshalb nicht in Erscheinung, weil er ständig durch eine schwache Gassekretion wiedergutgemacht wird. Das Merkwürdige ist indessen, daß im Bedarfsfalle schnell und gerade so viel Gas aus der Schwimmblase entfernt wird, wie zur Herstellung eines normalen Schwebezustandes nötig ist. Es muß also eine Vorrichtung geben, die Zeitpunkt und Größe des Gasverlustes bestimmt.

Wenn man eine Barschschwimmblase von der Bauchseite her aufschneidet, so wird man bei genauer Beobachtung in der hinteren oberen Schwimmblasenwand ein ovales Gebilde sehen (Abb. 83, 85). Die Schwimmblase besitzt hier eine ganz

flache Ausbuchtung mit ovalem Rand, um den ein Muskel
herumläuft. Außerdem setzen sich an den Rand strahlen-
förmig nach allen Seiten wegziehende feine Muskeln an. Die
hintere Wand der Ausbuchtung ist besonders dünn und mit
einem sehr dichten und feinen Netz von Blutgefäßen hinter-

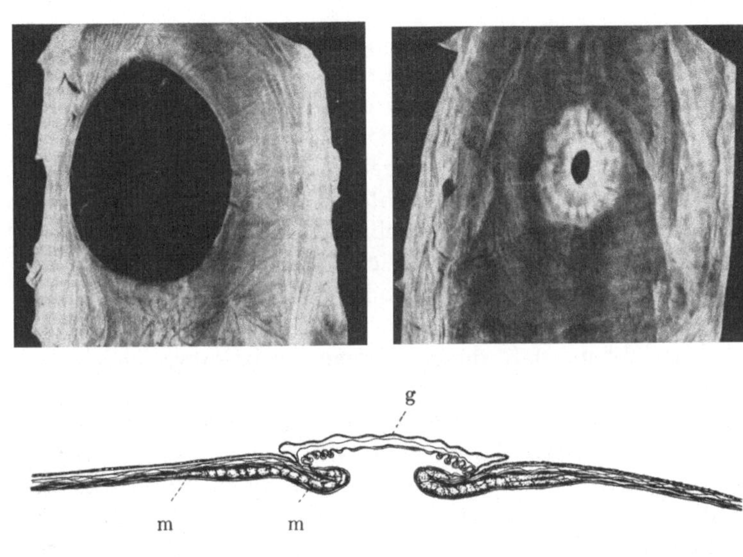

Abb. 85. Oben: 2 herauspräparierte Ovale von gleich großen Flußbarschen,
links weit geöffnet, rechts fast geschlossen. Darunter Schnitte durch ein fast
geschlossenes und ein geöffnetes Oval. g = die Hautschicht mit vielen
feinen Gefäßen zur Gasaufnahme; m = Muskeln.

legt. Dies Organ nennt man nach seiner Form kurzweg das
„Oval". Es arbeitet so: wenn Gas aus der Schwimmblase entfernt werden soll, ziehen sich die Strahlenmuskeln zusammen; der ovale Taschenrand wird weit, das Gas hat Zutritt zu der dünnen Taschenwand, dringt durch sie hindurch,
wird vom Blut aufgenommen und weggeführt. Soll aber die
Gasabfuhr gestoppt werden, so zieht sich der Ringmuskel

zusammen, die Taschenöffnung wird weitgehend geschlossen, das Gas hat keinen Zutritt zu der dünnen Taschenwand und bleibt in der Schwimmblase.

Die Erstfüllung von Schwimmblasen mit Gas.

So verschiedenartige Bildungen auch die Schwimmblasen von Staatsquallen, *Corethra*-Larven, und Fischen sind: alle haben im Grunde genommen die gleiche Aufgabe und sind mit dem eigentümlichen Vermögen ausgestattet, durch Änderung des Gasraumes für ihren Träger den unter den jeweiligen Umständen erwünschten Schwebezustand herzustellen. Alle Tiere aber entwickeln sich aus der Eizelle. Es ist eine fesselnde Frage für sich, wie denn eigentlich die Schwimmblasen im Laufe der Entwicklung des Einzelwesens entstehen und sich zum ersten Male mit Gas füllen. Wir werden sehen, daß dieser Vorgang keineswegs gleichartig abläuft.

Man kann von der Staatsqualle *Stephanomia* leicht Junge züchten. Aus dem Ei entsteht eine ovale Larve mit einem zweischichtigen Körper, die mit Hilfe eines Wimperkleides (Abb. 48, 3) im Wasser umherschwimmt. Das eine Ende ist durch einen rotgelben Farbfleck ausgezeichnet; hier wird sich später der Mund bilden. Am gegenüberliegenden Ende aber beginnt sich allmählich durch Faltungen der äußeren Zellschicht eine winzige Gasflasche zu entwickeln, die zunächst noch gasfrei ist. Auf einem bestimmten Entwicklungszustand aber tritt explosionsartig eine schnell größer werdende Gasblase auf, die die Gasflaschenwand spannt und das Gewebe nach unten abdrängt. Eine obere Öffnung der Gasflasche wie bei älteren Tieren ist zu dieser Zeit noch nicht vorhanden. Die Erstbildung von Gas scheint also genau so vor sich zu gehen wie die oben beschriebene Neubildung von Gas bei älteren Tieren.

Ganz anders verhalten sich *Corethra*-Larven und Fische. Bei der aus dem Ei schlüpfenden *Corethra*-Larve sind die Schwimmblasen und die feinen Atemröhrchen noch gasleer, vielmehr mit einer Flüssigkeit gefüllt. Das gleiche gilt übri-

gens auch für andere Mückenlarven. Die Füllung mit Gas
geht sehr schnell vonstatten und erfolgt vom Hinterende des
Tieres aus. Man hat sich lange den Kopf darüber zerbrochen,
was hier eigentlich vor sich geht. Es hat sich herausgestellt,
daß immer nur dann eine Gasfüllung erfolgt, wenn die Larve
mit dem Hinterende, wenn auch nur kurze Zeit, mit Luft in
Berührung kommt. Wir hatten schon darauf hingewiesen,
daß die *Corethra*-Schwimmblasen Erweiterungen in den beiden dünnen Hauptlängsstämmen der Atemröhrchen sind.
Diese aber stehen am Hinterende des Tieres mit der Außen-
welt in Verbindung. Es wird also bei der Erstfüllung offenbar Luft in sie aufgenommen; diese schiebt sich nach vorne
vor und füllt die Schwimmblase. Die Sache ist aber doch nicht
so einfach, wie sie zu sein scheint. Denn es genügt das Eindringen einer Luftmenge in die Atemröhren, die viel kleiner
als der Schwimmblasenraum ist. Eine Frage ist weiterhin, wie
denn mit dem Eindringen der Luft zugleich die Flüssigkeit
aus den Schwimmblasen verschwindet. Wir müssen annehmen,
daß diese Flüssigkeit aktiv vom Körper aufgesogen wird, ganz
ähnlich wie z. B. die verdaute Nahrung von den Zellen der
Darmwand aufgenommen wird.

Und wie steht es bei den Fischen? Wie gesagt, entsteht die
Schwimmblase als rückseitige Ausstülpung des Vorderdarmes.
Es ist also auf frühen Entwicklungsstadien immer ein Luftgang vorhanden, auch bei Arten, wie Barsch, Stichling und
Seepferdchen, bei denen er später verlorengeht. Wichtig aber
ist, daß der Luftgang gerade bei der Geburt noch da ist und
erst im Lauf der ersten Lebenstage verschwindet. Denn vorher hat er noch eine wichtige Aufgabe zu erfüllen.

Man hat bisher bei mehreren Arten, solchen mit und ohne
Luftgang, das Verhalten der Jungfische beobachtet und über-
einstimmend gefunden, daß sie sofort nach der Geburt zur
Wasseroberfläche eilen und Luft zu schnappen versuchen.
Der Erfolg ist eine mehr oder weniger schnelle Füllung der
bereits wohl ausgebildeten Schwimmblase (Abb. 86). Hält
man die Tierchen durch ein Gitter von der Oberfläche ab,
so gelingt die Füllung der Schwimmblase nicht, obgleich
z. B. bei jungen Stichlingen oder Seepferdchen bereits eine

Gasdrüse vorhanden ist. Sie gelingt auch dann nicht mehr, wenn man den Tierchen später wieder den Weg zur Wasseroberfläche freigibt. Man hat auf diese Weise fast ein Jahr alte Stichlinge züchten können, die niemals eine gasgefüllte Schwimmblase erhielten.

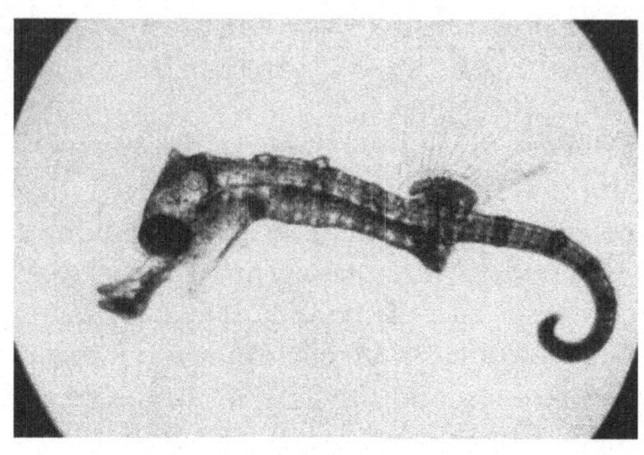

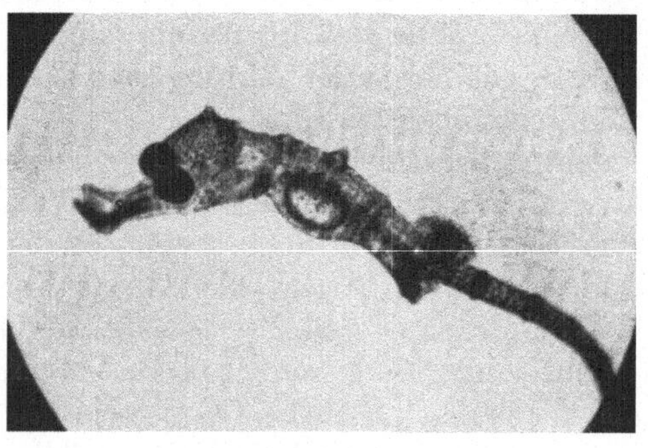

Abb. 86. Junge Seepferdchen kurz nach dem Ausschlüpfen aus dem Brutsack des Männchens. Oben: Schwimmblase noch leer; unten: Schwimmblase kurz nach dem Luftschnappen bereits prall mit Gas gefüllt. (Photo Dr. H. Herfurth, Leipzig.)

Nun bedeutet dies erste Luftschnappen aber nicht, daß die Schwimmblase wirklich mit atmosphärischer Luft gefüllt wird. Zum mindesten bei manchen Arten, und insbesondere bei denen, die später den Luftgang verlieren, hat dies Luftschnappen eine andere Bedeutung. Ihre Schwimmblase füllt sich nämlich auch dann vollkommen, wenn nur eine winzig kleine Luftblase verschluckt wird, die an sich nicht zur Füllung der Schwimmblase ausreicht. Was geht hier vor? Bei jungen Seepferdchen, bei denen der Luftgang wenige Tage nach der Geburt verschwindet, hat sich gezeigt, daß das Schwimmblasengas wenige Minuten nach dem ersten Luftschlucken etwa 80% Sauerstoff und etwa 10% Kohlensäure enthält. Es ist also ganz klar, daß die Schwimmblasenfüllung wesentlich durch eine „Gassekretion“ von der Art besorgt wird, wie man sie auch von erwachsenen Fischen kennt. Aus einem bisher noch nicht ganz ersichtlichen Grunde muß aber eine kleine Menge Luft in die Schwimmblase verschluckt werden, damit diese Gassekretion in Gang kommt.

So müssen wir auch dieses Kapitel und damit das ganze Büchlein mit einer noch offenen Frage beschließen. Doch meinen wir, daß das eher ein Vorteil als ein Nachteil ist. Es mag Ansporn zum Arbeiten sein. Zugleich aber wird es uns nachdenklich und bescheiden machen, daß wir immer so schnell an die Grenzen unseres Wissens kommen.

Schriftennachweis.

Anstatt eines erschöpfenden Schriftennachweises, der viel zu umfangreich würde, sollen nur einige der wichtigsten Schriften allgemeinen und besonderen Inhalts angeführt werden.

H. Böker, Vergleichende biologische Anatomie der Wirbeltiere, Bd. 1. Jena 1935.

W. v. Buddenbrock, der Flug der Insekten in: Bethe, Handb. d. norm. und pathol. Physiol. 15, 1. Berlin 1930.

H. R. Frank und W. Neu, Die Schwimmbewegungen der Tauchvögel (Podiceps). Zeitschr. vergl. Physiol. 10, 1929.

Hesse-Doflein, Tierbau und Tierleben Bd. 1, 2. Aufl. Jena 1935.

W. Jacobs, Das Schweben der Wasserorganismen. Ergebn. d. Biol. 11, 1935.

—, Beobachtungen über das Schweben der Siphonophoren. Zeitschr. vergl. Physiol. 24, 1937.

W. Neu, Die Schwimmbewegungen der Tauchvögel (Bläßhuhn u. Pinguine). Zeitschr. vergl. Physiol. 14, 1931.

H. Rempe, Untersuchungen über die Verbreitung des Blütenstaubes durch die Luftströmungen. Planta 27, 1937.

M. Stolpe und K. Zimmer, Physikalische Grundlagen des Vogelfluges. Journal f. Ornithol. 85, 1937.

E. Stresemann, Aves in: Handbuch d. Zoologie Bd. 7. Berlin u. Leipzig 1937.

E. Ulbrich, Biologie der Früchte und Samen. Berlin 1928.

H. Weber, Lehrbuch der Entomologie. Jena 1933.